普通高等教育“十四五”规划教材

冶金学实验教程

张荣良　焦丽娜　卓伟伟　编著

北　京
冶　金　工　业　出　版　社
2022

内容提要

本书是高等院校冶金工程专业的实验教程，内容涉及“钢铁冶金原理”“钢铁冶金学”“有色冶金原理”“有色冶金学”“稀贵金属提取与回收”“冶金工艺综合实验”等多门课程的基础理论和专业知识。实验内容包括炼铁工艺综合实验、炼钢工艺综合实验、有色冶金工艺综合实验、冶金过程模拟实验、专业综合技能实验、开放性综合实验6个部分的28个实验。

本书为高等院校冶金工程专业的教材，也可供相关科研及工程技术人员参考。

图书在版编目(CIP)数据

冶金学实验教程/张荣良，焦丽娜，卓伟伟编著．—北京：冶金工业出版社，2022.9

普通高等教育“十四五”规划教材

ISBN 978-7-5024-9209-0

Ⅰ.①冶…　Ⅱ.①张…　②焦…　③卓…　Ⅲ.①冶金学—实验—高等学校—教材　Ⅳ.①TF-33

中国版本图书馆 CIP 数据核字(2022)第 122932 号

冶金学实验教程

出版发行	冶金工业出版社	**电　话**	(010)64027926
地　址	北京市东城区嵩祝院北巷 39 号	**邮　编**	100009
网　址	www. mip1953. com	**电子信箱**	service@ mip1953. com

责任编辑　杨　敏　美术编辑　彭子赫　版式设计　郑小利

责任校对　葛新霞　责任印制　李玉山

北京虎彩文化传播有限公司印刷

2022 年 9 月第 1 版，2022 年 9 月第 1 次印刷

787mm×1092mm　1/16；7 印张；168 千字；105 页

定价 32.00 元

投稿电话　(010)64027932　投稿信箱　tougao@cnmip. com. cn

营销中心电话　(010)64044283

冶金工业出版社天猫旗舰店　yjgycbs. tmall. com

(本书如有印装质量问题，本社营销中心负责退换)

前　言

为了探索工程教育专业认证背景下的冶金学实验教学，推进人才培养新模式，对实验课程进行新的规划和改革，加强实验教学过程中的研究性和创新性，编者编写了本书。编写本书的目的在于帮助学生巩固和加深对钢铁冶金学、有色冶金学及其原理、工艺和设备的理解，熟悉和掌握钢铁冶金学和有色冶金学有关实验方法和实验技能，增强工程实践能力，为培养学生的创新性思维和科学创新的精神打下坚实的基础。

本书重点介绍了钢铁冶金学和有色冶金学实验，内容涵盖了“钢铁冶金原理”“钢铁冶金学”“有色冶金原理”“有色冶金学”“稀贵金属提取与回收”“冶金工艺综合实验”等多门课程的重要的、典型的实验，涉及的冶金学实验内容较全面。

本书反映了冶金新技术和新成果，内容除了冶金主工艺传统的、典型的实验外，还编入了反映目前冶金新技术和新成果的实验，比如钢铁冶金学中的“炼钢过程热态模拟实验”“合金钢电渣重熔实验”，有色冶金学中的“溶剂萃取法从钨酸钠溶剂制取钨酸铵溶液实验”“含铅渣的氯盐选择性浸出实验”“含锑复合渣动态真空闪速碳还原动力学实验”等。

本书内容紧密结合工程教育专业认证，具有一定的创新性。为了探索工程教育专业认证背景下的冶金学实验教学，本书内容安排上主要以综合性、开放性实验为主。本书编入的综合性实验，旨在培养学生的综合实验技能；开放性实验旨在加强和巩固学生的实验基础与操作技能，培养学生综合运用实验技能去解决实际问题的能力，增强工程实践能力，并培养学生的创新性思维和科学创新的精神。

由于编者水平所限，书中不足之处，敬请读者批评指正。

编　者

2022 年 3 月

前言

目　　录

1　炼铁工艺综合实验

实验1.1　铁粉矿烧结实验

实验目的

（1）掌握铁矿粉烧结原理及方法；
（2）了解铁矿粉烧结工艺；
（3）掌握烧结矿各项指标的检测方法；
（4）测定烧结矿垂直烧结速度、烧成率、成品率、转股指数等；
（5）了解烧结过程中烧结料层内温度变化和透气性变化。

实验原理

铁矿粉烧结是在含铁原料中，配加一定量的燃料、熔剂等，将其充分混匀后造成小球并布料在烧结机上。然后经点火在强制通风作用下，燃料燃烧产生高温，熟料部分达到软化、熔化状态，再经冷却固结成烧结矿。

烧结实验就是根据相似原理，按照烧结生产工艺流程，模拟抽风烧结机上料床的一局部小区域，在小尺寸烧结杯内完成烧结过程。

烧结杯实验，能方便地、准确地测定烧结过程中料层内部及废气的温度、气氛的变化，料层透气性的变化等，可为实际烧结过程理论分析提供依据。烧结杯实验易于改变工艺参数，从而可广泛地探讨各因素对烧结矿质量的影响。

一般烧结研究有如下几种目的：为新矿种的开发利用做可行性研究，并为烧结厂设计提供技术参数；研究提高烧结矿产品质量的主要途径；降低烧结能耗；摸清烧结过程成矿机理，为强化烧结过程作广泛的探索和理论分析；改变一种或几种工艺参数，研究其对烧结过程及产品质量产生的影响等。

在烧结生产中影响产成率和质量的因素很多，诸如：含铁原料、燃料、熔剂的粒度、化学成分，它们的配比和加入方式；混合料的水分、温度、成球率；布料厚度；点火温度、烧结时间及抽风制度等。而且某些因素间还存在“交互作用”的制约。

通过少量的实验，研究烧结矿各项指标与诸因素之间的一定数量关系，则可根据实验任务选定几个主要影响因素之间的数量关系，采用优化设计方法（如正交回归设计法，或回归旋转设计法）进行安排，经过实验即可建立被考察指标与各因素之间的回归方程，即烧结过程的数学模型。有了模型就可以用它来预测烧结参数，或者建立可以直观描述性能和变量关系的等高线图，还可以利用雅克比法将回归方程化为标准二次型，再取极值，就可以选择最佳的工艺参数。

只改变一种或几种工艺参数时，则可做一组或几组变化因素影响的实验。将所得烧结产品进行必要的岩、矿相鉴定等方面的研究，可进一步从理论上阐明烧结过程。

烧结装置

整个烧结实验装置由混料系统、烧结系统和监测系统三部分组成（如图 1-1 所示）。

（1）混料系统：水分测定仪、600mm 圆筒混料机。

（2）烧结系统：设备如图 1-1 所示。

（3）监测系统：计算机监控系统、料层温度及压力检测设备、抽风负压检测设备，检测设备视具体情况而定。

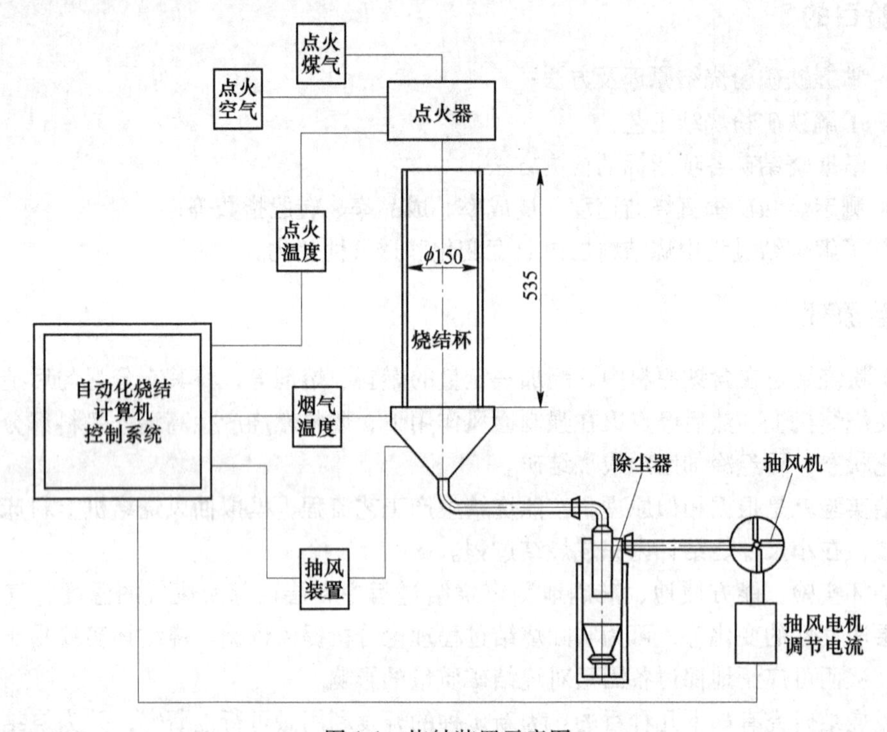

图 1-1 烧结装置示意图

实验操作步骤

（1）配料：根据原料成分及所需要的烧结矿碱度和燃料配比等进行配料计算，算出所需各种原料的需用量（烧结料以 8kg 计算）并仔细地称量。

（2）混料造球：将称好的各种原料先预混均匀，再加少量水混合，静放 20min，然后放在混料盘上，再按要求加水，边加水边把过大的球打碎，造球时间为 3min。记录加水量 B。

（3）装料：首先将粒度大于 10mm 垫底料 200g（约 20mm 厚）放入烧结杯内铺匀。再将烧结料称重并记录为 G_1（注意应与配料量加水量之和相近），根据所定料层厚度均匀装入烧结杯内，切勿压实，将所剩烧结料称量记录为 G_2。装料顶部置点火料。

（4）启动计算机，点击烧结快捷键，输入烧结试验工艺参数。开始点火，点火一定要均匀，计算机进入自动控制。

（5）观察烧结真空度和废气温度的变化，烧结开始后废气温度显著上升，当废气温度达到最高点后开始下降，即表明烧结完毕。

（6）烧结产物冷却后将其全部取出并称量，记录为 G_3，然后置于落下试验台上，于 2m 高度自由落下，筛取粒度大于 10mm 的试样称重并记录为 G_4。

（7）从粒度大于 10mm 的试样中选取 2kg，放入烧结矿转鼓实验机内。以 25r/min 的速度旋转 4min。然后取出后筛分，对粒度大于 5mm 的试样称重并记录为 G_5。

烧结试验工艺参数如表 1-1 所示。

表 1-1　烧结试验工艺参数

参　数	数值	参　数	数值
料层厚度/mm	500	烧结杯直径/mm	150
点火负压/kPa	4.9	抽风负压/Pa	9.8
点火温度/℃	1000	点火时间/min	1.5
混合料配碳/%		混合料水分/%	
返矿内配/%	30	铺底料厚/mm	20
设计碱度		混合料制粒时间/min	10

数据整理与分析

对实验记录的原始数据进行整理，可计算出烧结生产的各项指标。

垂直烧结速度 V：

$$V = H/t \qquad (\mathrm{mm/min}) \tag{1-1}$$

烧成率 n_a：

$$n_a = \frac{G_3 - 0.2}{(G_1 - G_2)\left(1 - \dfrac{B}{8 + B}\right)} \times 100\% \tag{1-2}$$

成品率 n_{np}：

$$n_{np} = \frac{G_4 - 0.2}{G_3 - 0.2} \times 100\% \tag{1-3}$$

烧结杯利用系数 N：

$$N = \frac{60 \times (G_4 - 0.2)}{A \times t \times 1000} \qquad (\mathrm{t/(m^2 \cdot h)}) \tag{1-4}$$

式中，A 为炉壁截面积，$A=0.176\mathrm{m}^2$。

转鼓指数 δ：

$$\delta = \frac{G_5}{2} \times 100\% \tag{1-5}$$

烧结真空度用 U 型压力计显示，通过压力变送器在电子电位差计上显示并记录。将真空度，废气温度作纵坐标，时间作横坐标绘成曲线，综合其他组不同条件所得曲线放在一起进行比较，可比较出不同条件对烧结矿产量、质量的影响规律。

若用实验设计法安排实验，则可将其他小组数据一起进行统计计算，求出回归方程，并按回归方程建立等高线图。

根据所学的工艺理论知识，对实验结果进行必要的分析讨论。

思考题

(1) 烧结矿的主要生产指标与性能指标有哪些？

(2) 铁矿粉强化烧结的手段有哪些？

实验 1.2 铁矿石还原度测定

实验目的

铁矿石中铁氧化物的还原是高炉冶炼过程中最基本的反应，尽可能地发展间接还原，充分利用煤气中 CO 及 H_2 的还原能力，对于改善高炉煤气的能量利用有很大作用。因此研究影响间接还原反应速度的规律具有很重要的意义。

通过实验了解各种因素对铁矿石还原速度的影响，掌握减重法测定铁矿石还原性的实验方法及实验结果的处理方法。

实验原理

用气体还原剂还原铁矿石是一种比较复杂的多相反应。在整个还原过程中包括以下几个步骤：

（1）气体还原剂通过气-固相之间气体边界层向固体表面扩散；

（2）气体还原剂穿过还原生成的金属层，向金属-氧化物界面扩散；

（3）界面化学反应；

（4）还原的气体产物（CO_2、H_2O）穿过金属层向外扩散。其中最慢的一步对还原速度起决定的控制作用。

铁矿石中矿物组成及结构，矿石的气孔率和矿石的粒度，还原气的组成和流速及还原温度等因素对还原速度有较大影响。还原动力学研究主要是了解还原反应机理及各种因素对于还原速度的影响。利用实验室中测定的化学反应速度常数和有效扩散系数及反应的活化能等数据，结合高炉内的温度分布和煤气分布，用电子计算机计算出炉内的间接还原率。对指导高炉生产和控制模型的建立有很大的意义。

仪器描述

设备流程见图 1-2。氢气、氮气从钢瓶中引出，经气表接到换向三通阀，再经过小流量控制器及气体流量计，然后由电炉下端引入反应吊管中。

还原炉中吊管的内径为 ϕ30mm，还原气体全部通过矿石层，避免了边缘气流对还原的影响。使用天平是带下钩的电子天平，量程 0~4kg，自动去皮，随时打印。

矿石放在耐热钢吊管中，下部是氧化铝球（用来预热气体和改善气流分布），悬挂在电炉中。电炉由铁铬铝电炉丝绕制，炉丝的缠绕长度保证炉子有足够长的恒温区。

方法步骤

（1）熟悉温度自动控制仪的使用方法后再通电，使电炉升温并使温度稳定于规定温度。注意观察炉子电压最高不得超过 120V。

（2）了解氮和氢钢瓶的气表及气路中三通阀和小流量控制器的使用方法后，待电炉升温到规定温度，将三通阀转到氮的位置，打开氮气瓶上阀门再逐渐打开针阀调节转子流量

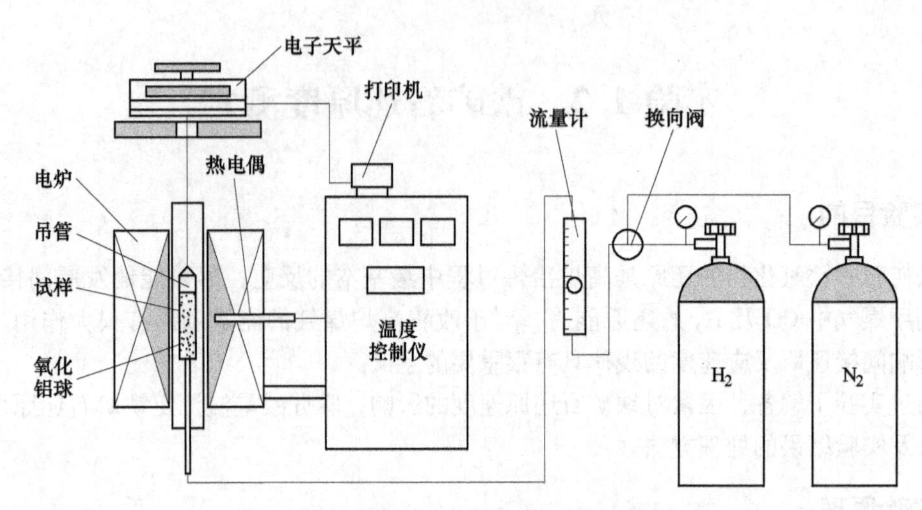

图 1-2　铁矿石减重法还原实验简图

计流量调到 2L/min，吹扫管路及吊管中的空气。同时在电子天平上准确称出空吊管质量。

（3）将称取筛分好的 100g 试样放入吊管中，并将吊管仔细放入电炉中挂于电子天平上（要注意镍铬丝不要扭曲，吊管不要触及炉管壁），称量并记录吊管的重量直至恒重不变。

（4）打开氢气瓶阀门，转动三通阀至氢的位置，迅速调节针阀使氢流量为 2.0L/min，同时按下秒表记下时间作为开始反应的时间，关闭氮气阀。每 5min 打印记录一次电子天平中的质量，这样一直称量下去。

（5）还原 60min 后，改通氮气赶走炉中氢气后，关闭各阀门，切断电源，取出吊管。

数据处理

（1）还原率 R 的计算。还原率 R 是指还原时矿石失去的氧量 $\Delta[O]$ 与矿石和铁结合的总氧量 $[O]_{总}$ 之比：

$$R = (\sum\Delta[O]/[O]_{总}) \times 100\% \tag{1-6}$$

式中矿石中和铁结合的氧量 $[O]_{总}$ 可依下式计算：

$$[O]_{总} = \left[\frac{48}{112}w(TFe) - \frac{56}{72}w(FeO) + \frac{16}{72}w(FeO)\right] \times \frac{W}{100}$$

$$= [0.429w(TFe) - 0.111w(FeO)] \times \frac{W}{100} \tag{1-7}$$

式中　$w(TFe)$ 为矿石总含铁量，%；W 为试样质量，g。

将还原率 R 与时间 t 作图，并由图上读出每间隔 5min 的还原率。

收集其他组的数据，作图分析温度、矿石粒度、矿石类别对还原反应的影响。

（2）单位质量矿石每分钟的失氧量 Q 的计算。

$$Q = \frac{100\text{mg}}{\text{时间间隔} \times W}\quad（毫克氧/(分·克矿)） \tag{1-8}$$

将单位质量矿石每分钟失氧量与还原率 R 作图并讨论之。

（3）反应级数的确定和速度常数 K_r 的计算。先将实验数据作如下处理（表 1-2）：

表 1-2 实验数据

还原时间 t/min	10	20	30	40	50	60
还原率 R/%						
矿石中与铁结合的氧的相对浓度（$C=100-R$）/%						
$\lg C$						
反应速度常数 K_r						

将 $\lg C$ 对 t 作图。如为直线则反应级数为一级反应，则可根据一级反应动力学公式求出反应速度常数 K_r：

$$K_r = \frac{2.303}{t}\lg\frac{C_0}{C} \tag{1-9}$$

式中，$C_0=100$。

（4）反应活化能 E 的计算。收集其他组数据，保持其他条件相同，仅温度不同的速度常数 K_r 取对数与 $\frac{1}{T}$ 作图，得一直线。求出该直线的斜率，则活化能 $E=-4.576\times$(斜率)。

（5）反应速度常数 K_r 与温度的关系。根据 $\lg K_r=-\frac{E}{4.576T}+\lg A$ 求出。

（6）反应区域的判别与化学反应常数 K_r 和有效扩散系数 D_{eff} 的计算（选作）。对单个球团根据未反应核模型可导出还原率（R）对时间（t）的关系如下：

$$\frac{R}{3K_g}+\frac{r_0}{6D_{eff}}\left[1-3(1-R)^{\frac{2}{3}}+2(1-R)\right]+\frac{K}{K_r(1+K)}\left[1-(1-R)^{\frac{1}{3}}\right]=\frac{C-C^*}{r_0d_0}t \tag{1-10}$$

式中，r_0 为矿石的原始半径，对块矿可用平均粒度，cm；d_0 为矿石的原始氧密度，g/cm^3；C 为煤气中还原剂的浓度，%；C^* 为在一定温度下与氧化铁平衡的还原剂浓度，%；t 为到达还原率 R 时所需的时间，min；K 为反应的化学平衡常数；K_r 为反应的化学反应速度常数；D_{eff} 为矿粒内气体的有效扩散系数；K_g 为境膜传质系数。

当反应为界面上的化学反应所控制（即动力学反应范围）时，则上式可简化成：

$$1-(1-R)^{\frac{1}{3}}=\frac{K_r(1+K)(C-C^*)}{K\cdot r_0d_0}t \tag{1-11}$$

即用 $1-(1-R)^{\frac{1}{3}}$ 与 t 作图为直线关系。根据直线的斜率可求得 K_r。

当反应为气体通过反应产物层的扩散所控制（即扩散反应范围）时，则上式可简化为

$$\frac{1}{2}-\frac{R}{3}-(1-R)^{\frac{2}{3}}=\frac{D_{eff}(C-C^*)}{r_0d_0}t \tag{1-12}$$

即用 $\frac{1}{2}-\frac{R}{3}-(1-R)^{\frac{2}{3}}$ 与 t 作图为直线关系，根据直线的斜率可求得 D_{eff} 值。

当反应处于过渡范围时，上式可简化为：

$$\frac{t}{1-(1-R)^{\frac{1}{3}}}=\frac{d_0 r_0^2}{6D_{\mathrm{eff}}(C-C^*)}\left[1+(1-R)^{\frac{1}{3}}-2(1-R)^{\frac{2}{3}}\right]+\frac{d_0 r_0 \cdot K}{(C-C^*)(1+K)K_{\mathrm{r}}} \tag{1-13}$$

即用$\frac{t}{1-(1-R)^{\frac{1}{3}}}$与$1+(1-R)^{\frac{1}{3}}-2(1-R)^{\frac{2}{3}}$作图为直线关系，由该直线的斜率和截距可分别求得反应的有效扩散系数D_{eff}和化学反应速度常数K_{r}。

根据实验数据R，t依次计算作图，何时成直线关系即实验处于那个范围，根据斜率和截距求出K_{r}、D_{eff}。

注：未反应核模型是按单个矿球推导的。当将该式用于散料层时，准确的做法是将不同W/V值（其他条件相同）与还原度不变时还原时间t作图外推到$W/V \approx 0$时R与t的数值。用这个R与t的值代入未反应核模型分析。

思考题

（1）影响铁矿石还原性的因素，有哪些？

（2）如何区分铁矿石的直接还原与间接还原？

实验 1.3　铁矿石低温还原粉化实验

实验目的

铁矿石低温还原粉化实验，按国际标准叙述：在炼铁高炉低温区所具有的独特条件下，转鼓滚动时铁矿石还原粉化特性的测定方法。本方法为模拟高炉炉料在炉身上部粉化的测定步骤。国际标准规定在温度 500℃时测试铁矿石还原粉化，应用于天然铁矿石块矿及包括球团矿和烧结矿等在内的人造块矿。通过实验了解各种因素对矿石还原粉化的影响，掌握国标（GB/T 13242—91）铁矿石低温还原粉化的实验及实验结果的处理方法。

实验原理

实验矿料的还原条件：将规定粒度范围内的试样置于固定床中，铁矿石低温还原温度为 500℃，由 CO、CO_2 和 N_2 组成的还原气体进行静态还原。还原 1h 后，将试样冷却到 100℃以下，用小转鼓共转 300r，然后用孔宽 6. 30mm、3. 15mm 和 500μm 的方孔筛进行筛分。用还原粉化指数表示铁矿石的粉化率。还原粉化指数表示还原后的铁矿石通过转鼓实验后的粉化程度。分别用转鼓实验后筛分、称量得到的大于 6. 30mm、大于 3. 15mm，和小于 500μm 的物料质量，与还原后和鼓前试样总质量之比的百分数表示，矿石重量百分比均与还原后试验矿样的总重量有关。

仪器描述

本实验与铁矿石还原性实验共用一套实验装置，仪器描述与实验设备见图 1-3。

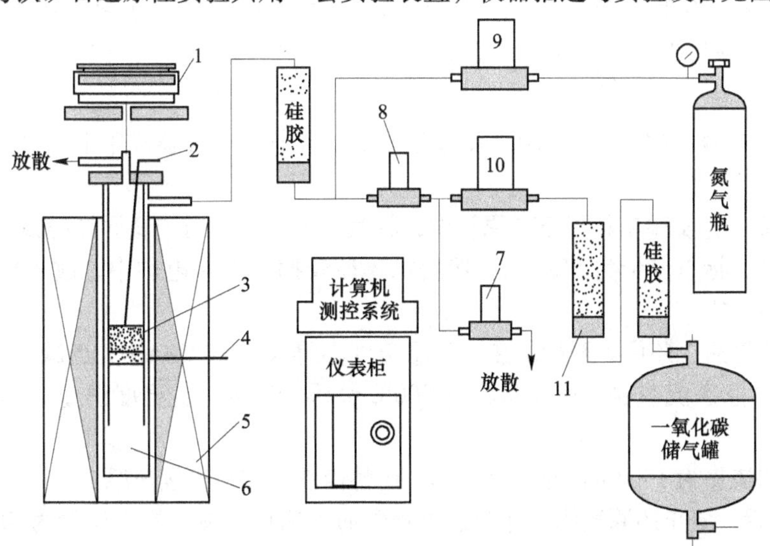

图 1-3　铁矿石还原与低温还原粉化装置简图

1—电子天平；2—热电偶；3—试样；4—热电偶；5—电炉；6—还原管；
7—放散电磁阀；8—截止电磁阀；9，10—质重流量控制器；11—碱石灰

方法步骤

1. 温度控制方式

计算机 PID 程序控制。

2. 试验条件

（1）一般条件。本实验所使用的气体量及气流量均是在温度为 0℃ 及一个大气压（101. 325kPa）时测定的。

（2）还原气体的组成（体积分数）：

CO：20%±0. 5%；

CO_2：2. 0%±0. 5%；

N_2：60%±0. 5%。

（3）还原气体的纯度：下列杂质最高含量的标准（体积分数）为：

O_2：0. 1%；

H_2O：0. 2%±0. 5%。

（4）气体的流量：在整个实验期间，还原气体应保持（15±1）L/min。

（5）实验温度：试样在 500℃ 的温度下还原，在整个实验期间保持（500±10）℃。

3. 试样准备

试样应根据 GB 10122 的规定进行取样和制样。试样在（105±5）℃条件下烘烤至少两小时。实验前冷却至室温。试样总重应为干基 2kg，按照下列方法准备：

（1）球团矿：经筛分取得粒度为 10. 0~12. 5mm 的试样，筛分后，只有随意（例如格条分样）取得的球团才用于实验。

（2）矿石或烧结矿：粒度为 10. 0~12. 5mm 的试样按下列方法准备：

在 12. 5mm 试验筛上过筛，凡大于 12. 5mm 的筛上物均经仔细破碎直到全部通过 12. 5mm 矿筛，然后将各部分混合。经筛分除去试样中+12. 5mm 及-10mm 物料。

4. 实验过程

（1）实验矿料：称量（500±0. 1）g 实验矿料，用格条分样器或用手工单样分样法从试样中取得。

（2）还原：把实验矿料置于还原管中；将其表面铺平。封闭还原管的顶部，将惰性气体通入还原管，标态流量为 5L/min，然后把还原管插入加热电炉中，放入还原管时的炉温不得大于 200℃。

放入还原管后，还原炉开始加热，升温速度不得大于 10℃/min。当试样接近 500℃ 时增大惰性气体标态流量到 15L/min。在 500℃ 恒温 30min，使温度恒定在（500±10）℃之间。

通入标态流量为 15L/min 的还原气体，代替惰性气体，连续还原 1h。

还原 1h 后，停止还原气体，并向还原管中通入惰性气体，标态流量为 5L/min，然后将还原管提出炉外进行冷却，将试样冷却到 100℃ 以下。

5. 转鼓实验

从还原管小心倒出试样，测定其质量为 m_{D0}，然后把它放到转鼓里，固定密封盖，以（30±1）r/min 的转速共转 300r。

从转鼓取出所有的试样，测定质量后，用 6.30mm、3.15mm 和 500μm 的方孔筛进行筛分。测定并记录留在 6.30mm（m_{D1}）、3.15mm（m_{D2}）和 500μm（m_{D3}）各粒级筛上的试样质量。在转鼓实验和筛分中损失的粉末可视为小于 500μm 的部分，并计入其质量中。

经过预先实验，如果机械筛分和手工筛分的筛分结果相同，制样和筛分精密度（β_{DM}）在 95%的置信度下，在±2.0%以内时，便可采用相应的机械筛。

数据整理与分析

以百分率表示的还原粉化率 R_{DI} 由下列公式计算获得：

$$R_{DI,+6.3} = \frac{m_{D1}}{m_{D0}} \times 100 \tag{1-14}$$

$$R_{DI,+3.15} = \frac{m_{D1} + m_{D2}}{m_{D0}} \times 100 \tag{1-15}$$

$$R_{DI,-0.5} = \frac{m_{D0} - (m_{D1} + m_{D2} + m_{D3})}{m_{D0}} \times 100 \tag{1-16}$$

式中，m_{D0} 为还原后转鼓前试样的质量，g；m_{D1} 为留在 6.30mm 筛上的试样质量，g；m_{D2} 为留在 3.15mm 筛上的试样质量，g；m_{D3} 为留在 500μm 筛上的试样质量，g。

思考题

（1）测试铁矿石还原粉化性能对高炉生产有什么意义？

（2）影响铁矿石还原粉化性能的因素有哪些？

实验1.4 铁矿石软熔性测定

目的要求

高炉解剖调查使人们对高炉冶炼的认识更加深入和全面。分层环状软熔带是高炉解剖调查重要的发现之一。软熔带位置、形状和厚度对高炉操作有显著影响。它体现了高炉内煤气的分布状况，并与高炉操作的稳定性有着密切的关系。

另外软熔带的高度对铁水的含硅量有较大的影响，而这些性质又主要取决于含铁炉料的软熔性质。因此，研究和掌握含铁炉料的软化、熔化及滴落性能具有重要的意义。对于烧结矿与球团矿的综合炉料试验、探索高炉最佳炉料结构的研究也具有重要意义。

为了判明铁矿物对高炉软熔带的影响，研究各种铁矿物在高炉模拟条件下的膨胀、软化收缩、气流阻力、熔融滴下等特性，利用荷重还原软化-熔滴实验装置，模拟高炉还原过程，测定铁矿石还原软化-熔融性，具有重要意义。

实验原理

荷重还原软化-透气性的测定：模拟高炉内的高温熔融带，在规定荷重和还原气氛下，按一定升温制度，试样在加热过程中还原膨胀，以某一收缩值的对应温度表示起始的软化温度、终了温度，测定收缩率 ΔH 及软化区间温度。以气体通过料层的压差变化 Δp，表示熔融带对透气性的影响。

熔滴实验的测定：模拟高炉内的高温熔融带，液态渣、铁穿过网状的焦炭层滴下，各种不同成分的矿石的开始滴下温度是不一样的，矿石开始滴下直至滴落终止，测定温度的滴落区间，测定铁矿石在熔融滴下时的收缩量 ΔH，测定矿石收缩所引起的煤气压差变化 Δp。收集滴落物进行化学分析和金相结构分析。

实验设备和工艺流程

该设备（见图1-4）采用高温炉和气体预热炉组成串接炉体，气体入炉经预热后通过料层。加热元件选用二硅化钼U形元件。高温炉温度区间为0~1600℃，炉外壳及炉顶部位采用循环水冷却。炉管为刚玉管（$\phi 110 \times 1000$），内装高纯石墨套、石墨坩埚、压杆等。荷重加载由气动加压装置组成，试样载荷在0~0.2MPa内任意选择。采用KYBD15型差压便送器测量料层阻损。采用质量流量计，自动检测、控制还原气体的含量。

位移测量：采用差动变位器FX11/±60型，测量试样在反应坩埚中膨胀与收缩的变化量。

滴落物测量：通过称重传感装置和动态应变仪，采样结果由计算机处理。

温度测量：由双铂铑、单铂铑、热电偶、温度变送器完成。

试料的荷重值、还原膨胀值、软化收缩值、料层阻损、熔融滴落量，由计算机检测并显示。温度控制、显示均由计算机和电控柜来完成。

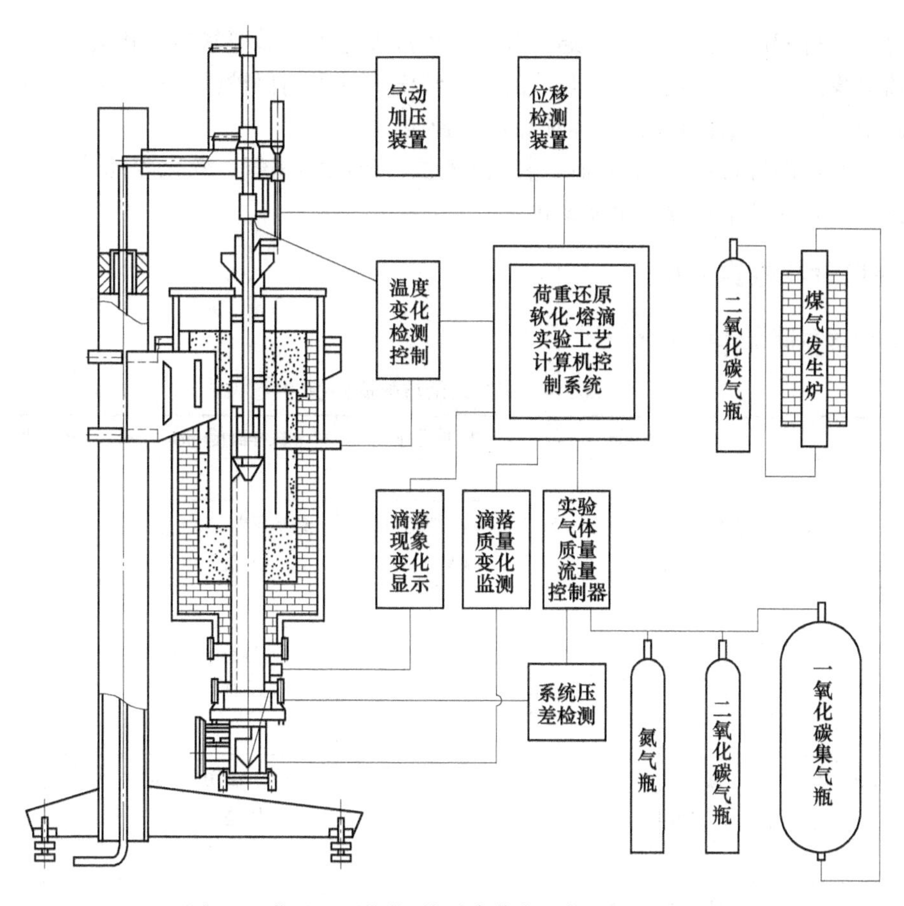

图 1-4　荷重还原软化-熔融滴落实验装置流程示意图

操作步骤

将矿石破碎筛分后，称量出试样 500g、焦炭试样 200g，分上下两层均匀装入石墨坩埚内。试样要分布均匀，轻摇、振实并测量出其高度。将接料称量系统调整好，接料坩埚放入刚玉管内。将装好试样的石墨坩埚放进炉内的石墨支撑管上，调正、压实，将压头放在料面上，将上盖与压杆之间密封配合好（密封介质采用高温密封胶），然后拧紧密封上盖的螺栓。将测温热电偶插入压头中心孔中，同时连接好热电偶的保护气体。启动电控柜和计算机，进入监控界面，输入实验条件（见表 1-3）。

表 1-3　矿石软化及熔滴实验条件

升温时间/min	40	50	40	>120
负荷/kg · cm^{-2}	0.5		1.0	
气体组成、流量	N_2 100%，3L/min	N_2 60%，9L/min CO 26%，3.9L/min CO_2 14%，2.1L/min	N_2 70%，10.5L/min CO 30%，4.5L/min	
升温速度	10~400℃/min	10~900℃/min	3~1020℃/min	5℃/min~熔滴

主体炉进行程序升温，气化炉通电升温。当温度达到实验要求后，将实验用气体配制准确且流量稳定，通入气化炉。转化后的气体经洗气处理同保护性气体一起送入荷重还原软化-熔滴反应炉。气体温度由气体加热炉来控制。

通过计算机的屏幕可以观察到试料的荷重值、还原膨胀值、软化收缩值、料层阻损、熔融滴落量，以及整个过程的温度变化。

实验记录与数据处理

实验记录与数据处理如表1-4所示。

表1-4 实验记录与数据处理

试样名称	试样粒度/mm	试样质量/g	试样高度/mm	试样化学成分
料层收缩10%时的温度/℃	料层收缩40%时的温度/℃	压差陡升时的温度/℃	最高压差（Δp_{max}）时的温度/℃	开始滴落温度/℃
停止收缩时的温度/℃	熔融温度区间/℃	软化温度区间/℃	压差陡升时的收缩率/%	最大压差时的收缩率/%
熔滴开始时的收缩率/%	停止滴落时的收缩率/%	熔融层厚度/mm	料层收缩10%时的压差/Pa	料层收缩40%时的压差/Pa
滴落时的压差/Pa	停止收缩时的压差/Pa	最大压差/Pa		

思考题

（1）高炉常见的软熔带形状有哪些，各有什么利弊？

（2）影响软熔带透气性的因素有哪些？

2 炼钢工艺综合实验

实验 2.1 炼钢过程热态模拟实验

实验目的

炼钢过程热态模拟实验对冶金技术的发展起先导和推动作用。在炼钢过程中所出现的冶金现象比较复杂，例如冶金反应绝大多数是高温、多组元、多相而又同时进行的反应。炼钢过程中的技术问题，也比较复杂，例如，吹炼过程中，熔池金属的脱磷、脱碳与炉渣中碱度、渣中（ΣFeO）、熔池温度以及金属液成分等工艺参数之间的关系极其密切，而这些复杂的冶金现象和生产技术问题，有时很难用数学模型来表达。此外，钢铁冶金过程中的冶金现象和生产技术的边界条件，绝大多数是非稳态的，因此，即便建立了数模，也很难求解。因此，炼钢过程中出现的技术问题，可通过热态模拟得到解答。

本实验主要包括以下三个实验项目：转炉炼钢过程脱磷实验研究、钢包精炼过程脱硫实验以及过程脱氧合金化的实验研究。在实验室条件下，结合现代炼钢过程，利用炼钢模型设备进行操作和实验研究，让学生了解喷吹搅拌、脱磷、温度行为等典型的炼钢工艺特点，设计实验方案，实验中采用先进检测和控制装置，达到培养学生动手能力和创新能力的目的。

本实验要求学生必须具备必要的冶金物理化学和冶金学的基本知识，掌握了解基本的冶金实验研究方法，最后要对实验数据结果进行处理和分析，写出实验报告。

实验装置

本热态模拟综合实验在炼钢实验室多功能实验炉上进行。实验装置如图 2-1 所示。其装置主要包括 100kW/1000Hz 中频电源及控制柜、150kg 中频感应炉、顶吹水冷氧枪、顶枪升降装置、供气系统和测温系统。

转炉炼钢过程脱磷实验及操作

1. 磷的来源

磷是钢中的有害元素之一。一般情况下，钢中磷含量为 0.02%~0.05%，而某些钢中要求磷含量在 0.015%以下。炼钢原料中磷的氧化物，在高炉冶炼的条件下几乎全部被还原而进入铁中，致使生铁中磷的含量有时高达 1.0%~2.0%。因此，脱磷是炼钢过程中最重要的任务之一。

2. 原理

在炼钢过程中，金属溶液中的磷主要通过渣中的（FeO）和（CaO）的作用使磷氧化

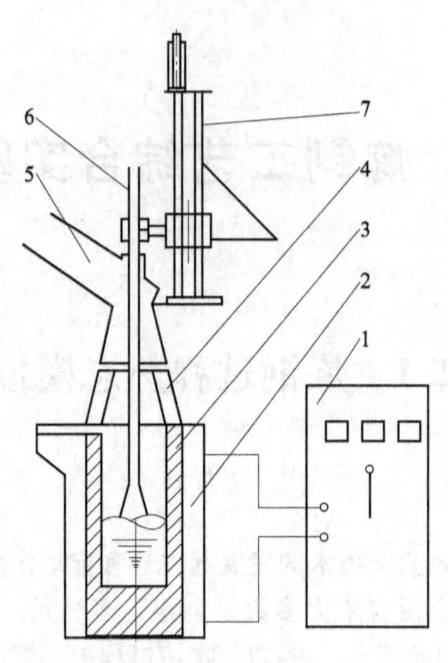

图 2-1 实验装置

1—100kW/1000Hz 中频电源及控制柜；2—感应线圈；3—电熔镁砂坩埚（炉膛直径 200mm，炉身高 400mm）；4—炉帽；5—烟罩及排烟系统；6—水冷氧枪及供氧系统（氧气瓶、汇流排、阀门及流量计、压力表）；7—氧枪升降装置

生成（$4CaOP_2O_5$）而进入渣中的，其反应原理为：

$$2[P] + 5[O] + 4[CaO] = (4CaOP_2O_5) \quad \Delta G^{\ominus} = -1435112 + 599.78T, \text{J/mol}$$

3. 基本操作

（1）将 40kg 生铁加入感应炉内。

（2）合上中频电源柜空气开关，并调节电位器旋钮，使中频电源功率达 50～70kW。

（3）当生铁完全熔化后，取出原始样（1 号样）并测得熔池温度（T_1）。

（4）确定氧枪枪位 150～200mm。

（5）向炉内加石灰 1～2kg。

（6）下顶吹氧枪进行供氧吹炼，供氧量为 6～8m^3/h。

（7）当碳氧开始剧烈反应时，提升氧枪，并停止吹氧，取出钢样（2 号样）。

（8）下顶吹氧枪进行吹氧，当碳氧反应结束后，提枪，停止吹氧。取出钢样（3 号样）。

（9）加入硅铁 0.3kg 脱氧。

（10）测温，当温度为 1600～1620℃时，出钢。

实验报告

用坐标纸绘出溶液中［P］随吹炼时间的变化规律，并结合思考题写出实验报告。

思考题

（1）单靠吹氧能否将钢液中的磷氧化去除，为什么？

（2）石灰对脱磷的作用是什么，渣中的（CaO）含量越高脱磷越有利吗，为什么？

（3）温度对脱磷有何影响？

实验 2.2　真空感应炉冶炼综合技术实验

实验目的

在冶金生产中，真空冶炼设备的使用越来越广泛，越来越普及，现在已经成为冶炼纯净钢的必备手段。只有在高真空条件下，才能使钢获得较高的纯净度，达到脱气、超低碳、超低硫以及夹杂物形态控制等冶炼纯净钢的目的。因此，要培养具有现代意识的钢铁冶金后备人才，进行真空冶金技术的基本原理教育是必需的，也是顺应时代发展的当务之急。通过感应炉冶炼实验可使学生熟知电炉炼钢的工艺流程，了解真空技术对提高和改善冶金质量的益处，熟悉中频感应炉的工作原理及其特点，了解中频感应炉与电弧炉、电渣炉等电炉炼钢在能量转换器方面的区别及其各自的优点，进一步了解有关真空感应炉相关技术参数及操作规范。

感应加热的原理

感应电炉是应用电磁感应原理，电气电路原理如图 2-2 所示，通过在金属料内部产生的电流，使其加热熔化一直到工作温度。

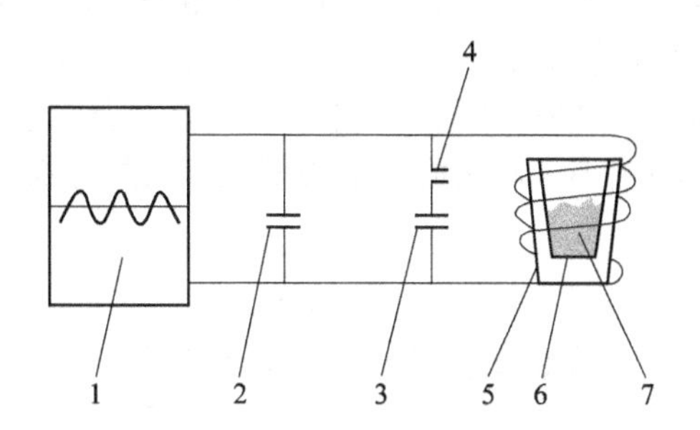

图 2-2　感应电路的电气电路原理

1—电源；2—固定电容；3—接触器；4—可调电容；5—坩埚；6—感应器；7—钢水

在电炉的感应器两端加交流电压，如图 2-3 所示，感应器就有交变电流通过。在它的周围就要产生磁场。坩埚的金属料处于这个磁场中，于是就产生了电动势，在感应电动势的作用下，金属料中就产生了与感应器中的电流频率相同的、平行的而方向相反的电流。金属料就是靠这个电流通过电阻发出的热量而被加热和熔化。

热量可以用焦耳-楞次定律表示：

$$Q = 0.24I^2Rt \tag{2-1}$$

式中，Q 为热量；I 为感应电流强度；R 为金属料电阻；t 为时间。

其中感应电流的强度 I 取决于感应电动势，感应电动势的值为：

$$E = K\phi \cdot f \tag{2-2}$$

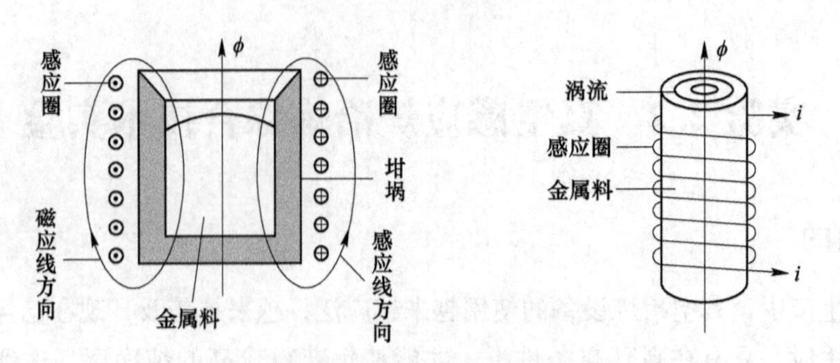

图 2-3 感应电炉的电磁感应原理

感应电流 I 为：

$$I=\frac{E}{R}=\frac{K\phi \cdot f}{R} \tag{2-3}$$

式中，E 为感应电动势；ϕ 为交变磁场的强度；f 为电流频率；K 为常数。

从式（2-3）可知，如果金属料的 R 为定值，感应电流的强度取决于交变磁场的强度和电流的频率，即它正比于 ϕ，也正比于 f。

特点

1. 集肤效应

在感应电炉中，金属料的电阻不仅决定于它的电阻率，还与电流频率有关。这是因为交变电流通过导体时会产生集肤效应。

当交变电流通过导体——金属料时，在它的截面上，会出现电流宽度不均匀的现象。表面的密度最大，越向中心越小，从表面向中心所似地按指数关系迅速下降，见式（2-4）和图 2-3。

$$C_x = C_0 e^{\frac{-x}{\delta}} \tag{2-4}$$

式中，C_0 为表面电流密度；C_x 为距离表面 x 处的电流密度；x 为距离；δ 为电流渗透深度；e 为常数。

从式（2-4）和图 2-4 中可知，电流密度从表面到中心减小。距离表面 δ 处，电流密度等于表面电流密度的 1/e（即 0.36）。δ 称为电流渗透深度。在工程计算上，常假定全部电流集中于 δ 层内，且均匀分布；认为 $\delta \cdot C$ 等于整个截面上的总电流。

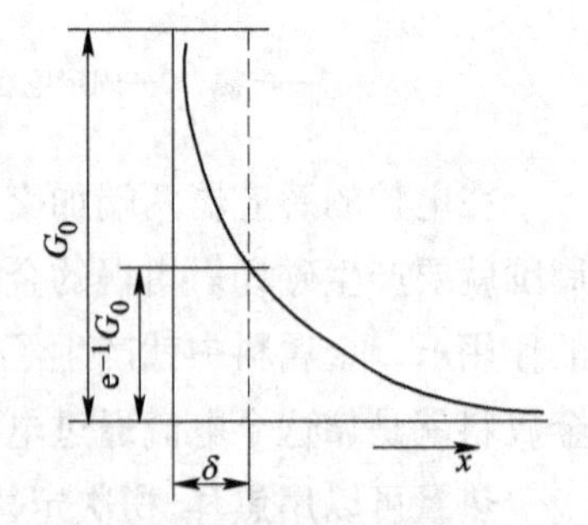

图 2-4 电流密度由表面到中心逐渐减小

渗透深度 δ，则取决于金属料的电阻率、导磁率，特别是与电阻率有关，按下式计算：

$$\delta=\frac{1}{2\pi}\sqrt{\frac{\rho}{\mu \cdot f}} \tag{2-5}$$

$$\delta = 5053\sqrt{\frac{\rho}{\mu \cdot f}} \tag{2-6}$$

式中，ρ 为金属料的电阻率；μ 为金属料的导磁率；f 为通过金属料的电阻频率。

从式（2-5）或式（2-6）可知，如果金属料的电阻率和导磁率为定值，则电流频率越高，渗透深度越小。

这样，金属料的电阻（参见图 2-5）可以表示为：

$$R = \rho \frac{\pi d}{\delta h} \tag{2-7}$$

式中，d 为金属料的直径；h 为金属料的高度。

将式（2-5）中所表示的 δ 代入式（2-7）得：

$$R = \rho \frac{\pi d}{\delta h} = A\sqrt{\rho \mu f} \tag{2-8}$$

式中，A 为与金属料尺寸有关的常数。

从式（2-8）可知，如果金属料的物理性质（电阻率和导磁率）以及其外部形状（尺寸）为定值时，电流频率越高，其电阻越大。

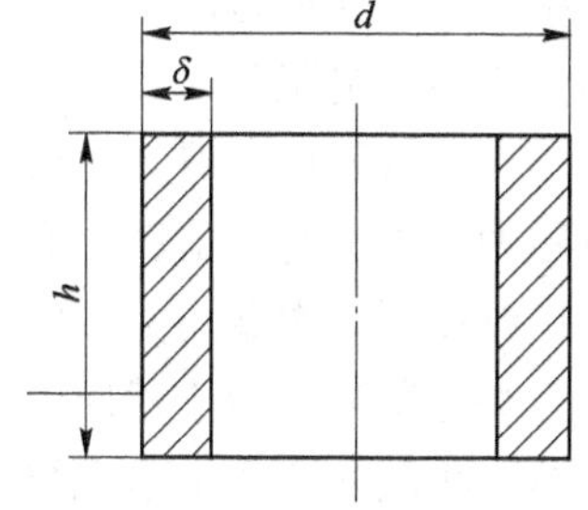

图 2-5　金属料电阻参数示意图

最后，将式（2-3）所表示的电流值和式（2-8）所表示的电阻代入式（2-1），经整理，即：

$$Q = 0.24I^2Rt = 0.24B \frac{\phi^2 f^{\frac{2}{3}}}{\sqrt{\rho \mu}} t \tag{2-9}$$

式中，B 为与金属料尺寸有关的常数。

从式（2-9）中可知，在感应加热时，在金属料内部产生的热量，不只取决于电流强度、金属料的电阻和磁性，还与金属料的尺寸有关，并且强烈地受电流频率的影响。这是感应加热的特有规律。

2. 电磁搅拌作用

如前述交变电流流经感应圈时，在坩埚内外产生磁场，处于磁场中的液态金属受其作用——电磁搅拌作用，将产生运动。其作用原理和液态金属的运动如图 2-6 所示。

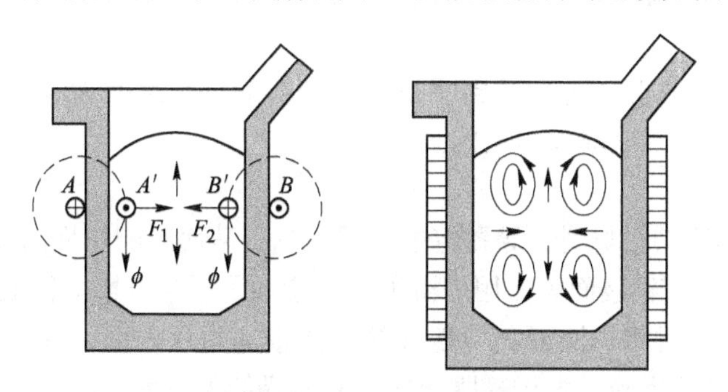

图 2-6　交变电流产生的磁场作用原理和液态金属的运动

图 2-6 是取出感应圈中的一匝，来表示液态金属受电磁作用的方向、大小和产生的后果。图中 A、B 表示一匝感应圈左右两个横截面。电流方向如图中符号所示，电流产生的磁力线以 A、B 为中心的同心圆表示。根据右手拇指定则，磁力线在对圆周上液态金属 A' 和 B' 的作用力分别为 F_1 和 F_2，它们对液态金属产生向中心的压力，并随磁场强度的增加而增大，且在液态金属柱的高度分布是不均衡的，中部的液态金属受压力最大，而向上下两端依次变小。这种电磁力使坩埚内的液态金属产生运动，在其作用下使液态金属的上部

出现凸起的“驼峰”现象（见图 2-6）。

对液态金属产生电磁搅拌作用的电磁力的大小，可用下式计算：

$$F = \frac{P}{\sqrt{\rho f S}} \tag{2-10}$$

式中，F 为电磁力；P 为金属料吸收的功率；S 为液态金属柱的侧面积；f 为电流频率；ρ 为金属料的电阻率。

由式（2-10）可知，液态金属柱的侧面积相同，它所吸收的功率以及其电阻相同时，电磁力的大小与电流频率有关，频率高则电磁力小、电磁搅拌作用弱、“驼峰”现象不明显；频率低则电磁力大，电磁搅拌作用强、“驼峰”现象明显。

综上所述，由于感应电炉是利用电磁感应原理加热进行熔炼的，因此产生了金属内部加热、集肤效应和电磁搅拌等与其他冶炼方法不同的特殊规律。在感应电炉工作中，合理地利用它们有利于加热、熔化和冶金反应的进行。

3. 感应加热的特点

（1）优点。

1）均匀钢液。由于感应加热的集肤效应，坩埚中的钢液出现温度分布不均匀现象，影响钢液内部化学反应，影响钢的质量。电磁搅拌使得钢液内部温度均匀化，克服了温度不均匀的不利影响，从而提高了钢的质量。

2）使钢液均质。冶炼过程需向钢液中加入不同密度和熔点的合金元素。当熔化后，极易出现化学成分不均匀现象即钢中成分出现偏析现象，从而影响钢的质量。但在电磁搅拌作用下，使钢液中的合金属元素很快分布均匀，改善了钢的质量。

3）改善物化反应的动力学条件。通过电磁搅拌，可增加相界面发生的一切物化反应的反应速度。适宜的电磁搅拌对诸如扩散脱氧和非金属夹杂物等有害物上浮过程都是十分有益的。

4）促进补加炉料熔化。电磁搅拌使得补加炉料的熔化速度大大加快，缩短了冶炼时间，提高了工效，这一点是显而易见的。

（2）缺点。

1）运动钢液冲刷炉衬材料，导致熔蚀作用加剧，从而影响坩埚的使用寿命。

2）“驼峰”现象使钢液面无法用炉渣覆盖，增加了污染，影响钢液的精炼效果。

3）“驼峰”形成时将炉渣或其他熔蚀的炉渣推向坩埚内壁，甚至卷进钢液内部，使坩埚壁增厚，钢液纯度下降，由于壁厚增加，从而降低了效率。

由此可见，电磁搅拌有它的有利部分也有它的有害部分，如何充分地发挥钢液运动的有利的一面，尽量减少有害作用，可采用如下措施加以改善：

首先，选择合适的电流频率和感应线圈高度 h_1 与坩埚深度 h_2 的比例，使 $h_1 : h_2 > 1$。对于中频电炉，$h_1 = (1.1 \sim 1.3) h_2$。

其次，当炉料全部熔化完毕后适当降低加热功率。

最后，应尽量使炉料量与坩埚容量相适应。避免出现用大坩埚冶炼少量钢液的现象，使钢液面最低保持在第 1~2 匝感应线圈处为宜。

真空技术对冶炼质量的益处

抽真空示意图如图 2-7 所示。

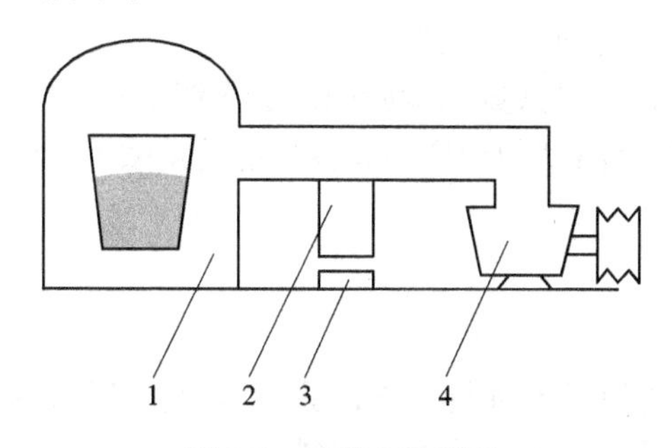

图 2-7 抽真空示意图

1—真空炉室；2—扩散泵；3—电阻丝炉；4—真空泵

1. 高真空度的获得

高真空度的获得是真空冶金中至关重要的一个环节。高真空度的获得通过以下几个步骤来实现。

(1) 打开真空泵（此时的真空阀均处于关闭状态），泵启动声音正常后，开低真空阀，待真空表抽至低于 760mmHg 后（即低于 1 个大气压）打开真空计，以测真空度。

(2) 开启低真空阀的同时对扩散泵进行加热，需要快速加热时电压给至 380V，均速加热时用 220V 即可，一般 380V 加热 27min 扩散泵即能工作。220V 单独加热时间一般为 50~60min。当低真空抽至 10Pa 以下时，才能开启高真空阀。

(3) 当抽到所需的高真空度时，即可关闭相应阀门，在高真空下进行冶炼。同时可以进行测温、添加合金元素料等。熔清后进行真空下的烧铸等一系列冶炼铸锭工艺过程。

2. 真空技术在感应冶炼过程的应用

真空技术在感应冶炼过程中的应用所产生的冶金效应是显著的，主要体现在以下几个方面：

(1) 脱气。在感应冶炼过程中应用真空技术可以达到去 O_2、N_2、H_2 等有害气体的目的，大多数真空冶炼过程中主要的提纯反应，就是通过同碳反应而脱氧，该反应比热分解更有效。这样的反应可达到去气、脱 C 等一系列反应同时进行的目的。从而实现了钢液的有害气体的去除，纯净了钢液，提纯了金属。

(2) 脱 C。真空技术在感应冶炼过程中的脱 C 最为显著，从而达到冶炼超低 C 钢的目的。

(3) 改进钢的纯洁度。钢液经过真空处理后，可减少加工时的废品率和改善其使用性能。而且，用真空处理，降低钢的氧含量，从而避免了形成白点的危险。

总之，用真空处理的钢可以使钢的性能得到显著改善，具体表现为以下几个方面：

(1) 氢和氧的含量低；

(2) 对于氧化物夹杂，每炉钢均有稳定和良好的纯净度；

(3) 每炉钢的成分稳定均匀；

(4) 能高度准确地冶炼既定晶粒度的钢；

(5) 同炉钢的晶粒度均匀;

(6) 可减少每炉钢之间的性能波动;

(7) 不存在对白点的敏感性;

(8) 每炉钢有均匀一致的加工成型性能;

(9) 能使与氧有强亲和力的微量元素精确地加入钢中;

(10) 能准确地调整浇铸温度和相应地有良好的铸造表面质量。

实验步骤

1. 选料、称重

依据所炼钢种进行必要的精准选料,进行除锈和清理工作,并按照炉型对炉料进行称重,另外,按所炼钢种称所需合金,并放入加料仓。

2. 清炉

对所要冶炼的炉子进行认真的清炉,防止有害杂质混入钢中。如所用炉子为旧炉子,即用过的炉子,要用炉料熔清后翻出,达到清洗炉子的目的。

3. 装料

按照感应炉装料原则(上松下紧)进行装料。具体为,炉子下面的炉料要紧密,密度大的合金料要放在下面,易挥发的炉料也要放在下面。为的是使易挥发的金属不易挥发损失,密度大的金属不至于将炉底轧坏。上面的炉料适当放松,以便在炉料熔化时自然下落,防止出现“架桥”现象,并根据所炼钢种所需合金量加入真空感应炉的上加料仓中,依据冶炼工艺曲线适时加入合金。

4. 放入钢锭模

依据所炼钢的重量选择钢锭模。将钢锭模放入真空室中,通过旋转炉体,看是否可将钢液兑入钢锭模并可出净钢液,适当调整钢锭模,使其对准,然后固定好钢锭模,另外,在放入钢锭模前要认真对真空室进行必要检查,看真空室中有无杂物等,室底垫好没有,有无水分等,防止抽真空时,难以达到真空度。

5. 抽真空

在感应炉加料之后,冶炼之前,进行抽真空,依据所炼钢种的碳含量和所需真空度进行抽真空,至抽到所需真空度为止。

6. 送电冶炼

在真空度达到要求情况下,适时送电,送电的基本原则是,功率要求由低到高,逐步达到冶炼要求,目的是使感应炉体有一定的预热时间。如果是新炉体,更是要由低到高,使炉体达到烧结层、半烧结层和未烧结层的良好状态,延长炉体寿命。待炉料完全熔化后,依据冶炼工艺曲线,进行适时加温、停电、加合金、吹 Ar 气等一系列操作。出钢温度依据不同钢种的出钢温度进行控制,使出钢时做到平稳出净合格的要求。

7. 破真空

在冶炼完出钢镇静后,大约 10min 以后方可进行破真空操作,操作的基本步骤如下:

(1) 破低真空,打开低真空阀即可;

(2) 待真空表显示为零时,方可打开真空罩盖。

8. 取钢锭

待真空表为零后，打开真空室罩盖，取出钢锭模将钢锭模倒扣，取出钢锭，冶炼过程结束。

9. 钻样分析

待钢锭取出后，进行表面清理，然后钻样，进行必要成分分析，比如 C 及加入合金量是否达到要求，如达到要求即可结束实验。

思考题

(1) 真空脱气的原理是什么？

(2) 对比传统的加热方式，感应加热有什么优势？

实验 2.3 电渣重熔实验

实验目的

(1) 熟知电渣重熔原理;
(2) 了解电渣重熔技术在实践中的应用;
(3) 了解电渣炉设备构造;
(4) 熟悉电渣重熔的作用与优势;
(5) 掌握各种渣系对电渣钢质量改善所起到的作用;
(6) 掌握电渣重熔操作工艺规范及技术参数指标。

实验意义

电渣重熔技术在特种冶金生产过程中，起到了其他冶炼手段所不能达到的目的。即经电渣重熔后的钢，纯度高，含碳量低，非金属夹杂物少，钢锭表面光滑，结晶组织均匀致密，金相组织和化学成分均匀，电渣钢的铸态力学性能可达到或超过同钢种锻件的指标。

另外电渣重熔的产品品种多，应用范围广。其钢种有碳素钢、合金结构钢、轴承钢、模具钢、高速钢、不锈钢、耐热钢、超高纯度钢、高温合金、精密合金、耐蚀合金、电热合金等400多个钢种。此外，可用电渣法直接熔铸异形铸件，可以铸代锻，简化生产工序，提高金属的利用率，电渣重熔设备简单，操作方便，不仅能生产钢锭又可作为小型炼钢设备冶炼钢水，生产各种铸钢件、铸铁件，还可焊铸较大型钢件。通过此实验，可使学生对电渣重熔技术有比较完善的、系统的认识，打下实践基础，从而达到锻炼学生的参与能力和实践应用能力。

电渣重熔基本原理

电渣重熔是利用电加热的熔渣（熔渣通过电阻加热）精炼金属的一种方法。通常把被熔炼的金属当作电极（自耗电极），将其悬置并使下端浸入水冷结晶器中的渣池里，见图2-8。

熔炼过程所需要的热量由电极和结晶器底水箱上的导电底板之间通过的电流产生，渣池（熔渣）构成该电路中的电阻元件。当渣温升到高于金属熔化温度时，电极下端就开始熔化，熔化的金属液膜聚集成熔滴，在熔滴落下通过渣池层与渣接触过程中被精炼。因为在这个过程中使用自耗电极（待重熔金属）中的非金属夹杂物等熔化上浮留在渣层中，即金属被洗过一样，达到提纯金属、精炼金属的目的。其中金属重熔后的凝固过程（即再结晶过程）与熔炼过程是同等重要的。凝固过程是随着金属中的热量通过底水箱和结晶器壁散失而逐渐进行的过程。通过精心匹配熔化速度与凝固速度，可以收到较为理想的结晶组织，这种结晶组织所具有的性质在许多方面都优于常规工艺生产的金属，尤其是质量的再现性和产品的完整性。

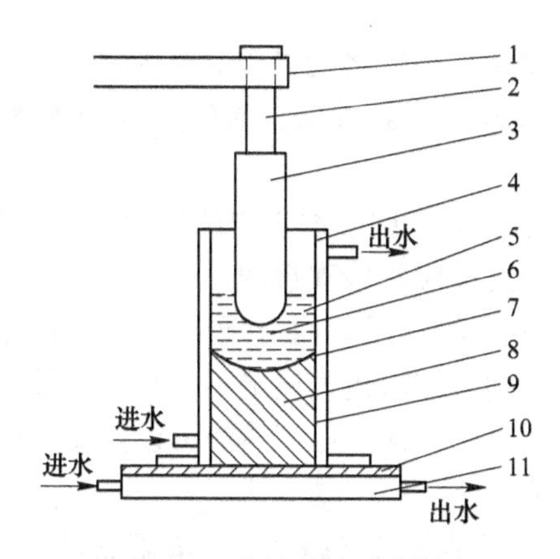

图 2-8 电渣重熔示意图

1—电极横臂和夹；2—假电极；3—自耗电极；4—结晶器；5—渣池（熔渣）；
6—金属熔滴；7—熔化金属；8—凝固金属（金属锭）；9—渣皮；10—导电底板；11—底水箱

电渣重熔过程中的电行为

前已述电渣重熔过程中所需要的热量是由渣池焦耳热效应产生的，此过程中应避免电极与渣之间产生电弧，即电极在重熔过程中始终埋伏于渣池中。否则当电弧穿过电极与渣之间的间隙时，会导致金属的氧化，这是实验所不希望的。

渣可视为电阻元件，其横断面积介于电极和结晶器横断面积之间。根据一般规律，可采用下面的公式：

$$L = VA/I\rho \tag{2-11}$$

式中，L 为电阻通路长度，大约等于渣池深度或者等于渣面与金属面之间的距离；V 为渣电压降；A 为电流通路有效横断面积，一般采用电极横断面积，部分采用结晶器横断面积；I 为电流强度；ρ 为渣电阻率。

实际电路要复杂得多。首先，渣池内电路分布是不均匀的，这是因为受渣池温度差、搅拌，或者渣池内金属熔滴存在的影响，使电阻率比纯渣低，在导电时，粗电极发生集肤效应；其次，实际电流通路很少完全限制在电极-渣-熔池通路之间，结晶器也常流过一些电流。因此，电渣重熔过程的电行为是一个较复杂的过程。

电渣重熔中渣的作用、性质和渣的组成

1. 渣的作用

电渣重熔工艺的核心部分是熔池，金属从熔池上方进入渣池，然后被加热、熔化、精炼和过热，并且承受振动、搅拌和电化学作用。因此，形成渣池并使其保持在合适的条件下，显然是很重要的。渣的基本作用如下：

（1）渣起发热元件作用。重熔过程中热量通过焦耳效应产生，也就是通常的电阻发热定律。因此确保渣阻与供给功率的电压、电流之间的正确平衡。所用的大多数渣的电阻率在熔炼温度下为 0.2~0.8Ω · cm，熔炼温度通常比金属熔化温度高 200~330℃。显然，在该温度下，渣既要呈现液态，又要呈现稳态。

（2）熔渣对于非金属材料来说是熔剂。当金属电极进入到渣池里时，电极端部达到其

熔化温度，就会形成金属熔化膜。当熔化金属与熔渣接触时，熔化的金属在汇成熔滴的同时，暴露的非金属夹杂将溶解在渣里。因此，渣的成分必须既能熔解杂质而又不影响其性质。

（3）渣是电渣重熔工艺精炼剂。重熔过程中的化学反应主要部位是电极端部渣/金界面，这里的金属膜条件对于快速反应是最理想的。

（4）渣起保护金属免受污染的作用，而对于反应成分来说，它又起着传递介质的作用。由于金属在渣下熔化和凝固，被熔化金属绝不能与大气接触而直接氧化，而这种氧化在常规工艺中是不可避免的；另一方面，由于熔渣可以传递反应物质，如氧和水汽，所以使用惰性气体作保护气氛成为必须。

（5）渣形成结晶器衬。由于结晶器壁温维持在渣熔点以下，那么熔池和结晶器壁之间必定有凝固渣壳。这层渣壳起着结晶器衬的作用，金属链在这衬里形成并凝固。

2. 渣的性质

电渣重熔所用的渣要求具备以下性质：

（1）渣的熔化温度（渣的熔点）应在被熔化金属的熔化温度以下。但操作过程中的温度显然仍高于金属熔点，一般约高200～300℃。

（2）渣的电阻率应是其成分的函数，只要不明显地影响化学要求，可在一定界限内调整。

（3）渣的成分应该是这样的，即所希望的化学反应能快速发生，并且反应物留在渣中，对于硫，其反应产物应能排到大气中去。

（4）渣应能抑制不希望的反应发生，因为这些反应会造成微量元素的损失，这一点非常重要。

（5）渣的物性合适。因为渣的粒度影响金属熔滴在渣中的停留时间、气体排出速度、渣池搅拌程度、传质动力学以及渣壳厚度等。渣与金属及密度差也同样影响熔滴停留时间和熔滴大小。渣与金属间的表面张应力应该小，这样可增加传质速度，易产生熔滴。但这样会减弱渣与金属的分离，增加夹渣的危险。

3. 渣成分和渣组成

电渣重熔的成分通常以CaF_2、CaO、MgO、Al_2O_3、SiO_2为主，其他成分可少量存在，如TiO_2或MgF_2，一般采用萨尔特（Salt）建议的标志，叙述渣的成分，即CaF_2先列出来，在它的百分比成分之后加“F”。余下的组成（即氧化物）按照CaO、MgO、Al_2O_3、SiO_2这样的顺序列出，而且是按照碱度降低顺序，并且只列出百分比成分。通常用$aF/b/c/d/e$，作为公式。

即：$a=\%CaF_2$；$b=\%CaO$；$c=\%MgO$；$d=\%Al_2O_3$；$e=\%SiO_2$。

如：60F/20/0/30，渣是含60%的CaF_2，20%CaO，30%Al_2O_3，无MgO。

电渣锭的凝固

电渣重熔钢锭理想的状态是无显微偏析，无带状和中心疏松，具有最佳枝晶间距，只要正常操作，其要求是能够实现的。电渣重熔的重要特点就是可以支配结晶的条件，特别有利于具有良好力学性能的组织的产生。凝固速度也不像常规铸造条件下与温度梯度相联系，这是因为除了自然冷却之外，还有强制热流作用，并且有潜热放出。所以只有在电渣重熔的条件下，才能达到上述最佳结晶组织，从而使得钢锭具有良好的力学性能。电渣重熔的成分（质量分数）如表 2-1 所示。

表 2-1 电渣重熔的成分（质量分数）表 （单位：%）

	CaF_2	CaO	MgO	Al_2O_3	SiO_2	说 明
100F	100					低电效率、不含氧化物
70F/30	70	30				起动困难，电导率高，用不含铝钢，有增氢危险
70F/20/0/10	70	20		10		好的通用渣，中等电阻率
70F/15/0/15	70	15		15		好的通用渣，中等电阻率
50F/20/0/30	50	20		30		好的通用渣，电阻率
70F/0/0/30	70	0	0	30		有增铝危险，可避免增氢，电阻率较高
40/30/0/30	40	30		30		好的通用渣
60/20/0/20	60	20	0	20		好的通用渣
80F/0/10/10	80		10	10		电阻率适度，不太用
60F/10/10/10/10	60	10	10	10	10	低熔点，长渣
0F/50/0/50	0	50		50		起动困难、电效率高

电渣重熔操作工艺

1. 自耗电极准备与处理

（1）根据变压器的称容量的制约，本实验要求：

对 ϕ230 结晶器：自耗电极在 ϕ110~ϕ135 范围内适宜。

对 ϕ180 结晶器：自耗电极在 ϕ110~ϕ125 范围内适宜。

（2）自耗电极表面要进行氧化铁皮的清除，保证其重熔锭的质量。自耗电极的一端应为平齐头，以利于假电极的焊接。

2. 渣料的选用与干燥

（1）根据不同的钢种和合金的要求及重熔经验需进行渣系选择。对渣系要求的渣料进行必要的干燥。

1）渣料一般选用 CaF_2、CaO，Al_2O_3、MgO、SiO_2 等；

2）粒度要求：一般为 5mm 为宜；

3）引弧剂（即导电渣）一般为 CaF_2、CaO、TiO_2 5%干燥即可使用；

（2）渣料干燥制度。对于含有结晶水的渣料干燥温度为 860℃ 左右，进行烘干 4~5h 为宜。对于不含有结晶水的渣料干燥温度为 400~500℃ 进行烘干 4h 左右为宜。

3. 导电系统在重熔过程中的处理

对于供电系统的阴极、阳极、交流电的回路子流，包括底水箱上的铜板，假电极部分的电极排都要进行认真清理，以利于导电效果良好，提高设备的使用率，水冷电缆在重熔过程中要注意适量退入，以利于提高电缆的通电能力和使用寿命。

4. 造渣过程

（1）底垫的选用。底垫一般选用与自耗电极原材质一样的钢或合金为宜，本实验尺寸

要求 $\phi(120\sim180)\times(6\sim12)$mm。

（2）本实验采用的是固渣启动，电流一般控制在1500~2500A为宜，待渣池完全形成后再提高重熔电流。

（3）造渣时间一般为10~15min。

5. 循环水系统的检验

循环水系统是否流畅，以及水压是否够用（一般要求水压为2kg左右），是电渣重熔最为关键的一环，所以要求对循环水系统必须进行认真的检查，发现问题及时解决。

6. 自耗电极与结晶器内壁的间隙要求

自耗电极与结晶器内壁的间隙要求是按照重熔时电压的大小而予以确定的。以保证其不至于出现短路打火现象，避免结晶器由于打火造成爆炸而带来安全事故，为此一般要求自耗电极与结晶器内壁间隙不小于15mm为宜。

7. 电渣重熔的配电制度

（1）造渣期间配电制度：$I=1500\sim2500$A。

（2）待渣池完全形成后电流逐渐升至正常重熔电流 $I=4000\sim5500$A，此时的电流仍是非常稳定的，前提是自耗电极组织比较致密，横截面积无变化。

（3）补缩阶段的配电制度：待自耗电极要重熔结束时，具体要求是重熔即将要结束前15~20mm开始递减电流，直至电流为零为宜，这样可使重熔锭的缩孔非常浅，呈浅碟形；从而提高钢锭的成碎。

8. 重熔结束阶段的钢锭处理

待重熔结束，停电，结晶器中渣变黑时，即可脱锭，并在锭中做出标记，如有些钢种需要保温，可将锭直接放入缓冷坑中进行缓冷，不需缓冷的钢种放到耐热地方进行冷却即可。

思考题

（1）电渣重熔技术作为一种特种冶金手段，它有哪些意义？

（2）电渣重熔的渣的主要组元有哪些，各自起什么作用？

3 有色冶金工艺综合实验

实验3.1 铜电解精炼实验

实验目的

（1）掌握铜电解精炼的基本原理及其目的；
（2）了解铜电解精炼的技术条件对电解过程的影响；
（3）理解电流效率与电能消耗的概念；
（4）熟悉铜电解精炼实验的设备及操作。

实验原理

火法精炼产出的精铜品位一般为99.2%~99.7%，仍含有0.3%~0.8%的杂质。为了除去对铜的电气性能和力学性能有害的杂质，使其满足各种用途的要求，同时为了回收有价金属，特别是金、银及铂族金属和稀散金属，因此，必须进行电解精炼。

铜电解精炼一般是以火法精炼产出的精铜为阳极，以电解产出的始极片作阳极，用硫酸铜和硫酸的水溶液作电解液。在直流电作用下，阳极上的铜和电位较负的贱金属溶解进入溶液，而贵金属和某些金属（如硒、碲等）不溶，成为阳极泥沉于电解槽底。

（1）阳极反应。在阳极上进行氧化反应：

$$Cu - 2e \Longrightarrow Cu^{2+} \qquad E^{\ominus}_{Cu/Cu^{2+}} = 0.34V$$

$$M' - 2e \Longrightarrow M'^{2+} \qquad E^{\ominus}_{M'/M'^{2+}} < 0.34V$$

$$H_2O - 2e \Longrightarrow 2H^+ + 1/2O_2 \qquad E^{\ominus}_{H_2O/O_2} = 1.229V$$

$$SO_4^{2-} - 2e \Longrightarrow SO_3 + 1/2O_2 \qquad E^{\ominus}_{SO_4^{2-}/O_2} = 2.42V$$

式中M′只指铁、镍、铅、砷、锑等比铜更负电性的元素。因其质量浓度很低，其电极电位将进一步降低，因而将比铜优先溶解进入电解液。由于阳极的主要组分是铜，因此阳极的主要反应将是铜的电化溶解形成Cu^{2+}。至于H_2O和SO_4^{2-}失去电子的氧化反应，由于其电极电位比铜正得多，在正常情况下，在阳极上是不可能进行的。另外，金、银、铂等电位比铜更正的贵金属、铂族金属和稀散金属更不能溶解，而随着阳极泥一起落到电解槽底部。

（2）阴极反应。

在阴极上进行还原反应：

$$Cu^{2+} + 2e \Longrightarrow Cu \qquad E^{\ominus}_{Cu/Cu^{2+}} = 0.34V$$

$$2H^+ + 2e \Longrightarrow H_2 \qquad E^{\ominus}_{H_2/H^+} = 0V$$

$$M'^{2+} + 2e = M' \qquad E^{\ominus}_{M'/M'^{2+}} < 0.34V$$

氢的电极电位较铜小，且在铜阴极上存在超电压而使氢的电极电位更负，所以在正常电解精炼条件下，阴极不会析出氢。同样，标准电极电位比铜负而浓度又小的负电性金属亦不会在阴极析出，所以在阴极上主要析出铜。

（3）阳极杂质在电解过程中的行为。金、银和铂族金属不进行电化溶解而落入槽底。阴极铜中含有这些金属是由于机械夹带阳极泥的结果。少量 Ag_2SO_4 可加入少量氯离子（Cl^-）使其形成 AgCl 沉淀进入阳极泥。呈 Cu_2S、Cu_2O、Cu_2Te、Cu_2Se、Ag_2Se 等稳定化合物存在于阳极泥中的氧、硫、硒、碲等元素，电解时亦进入阳极泥。进入阳极泥的还有以 $PbSO_4$ 存在的铅和以 $Sn(OH)_2SO_4$ 水解沉淀的锡。

阳极中的铁和锌含量极微，电解时与镍一起溶入电解液中。一些不溶性化合物如氧化亚镍和镍云母等会在阳极表面形成不溶薄膜，导致槽电压升高并引起阳极钝化。

砷、锑、铋收于电位与铜相近，电解时可能会在阴极析出。它们还会生成极细的絮状物 $SbAsO_4$ 和 $BiAsO_4$ 砷酸盐，飘浮在电解液中，机械地黏附在阴极上，其黏附量相当于砷锑析出量的两倍。锑进入阴极的数量比砷大，故锑的危害更为突出。电解液需要净化以除去电解过程中积累的杂质。

设备、试料及实验装置

（1）实验设备。直流稳流器，HY1792-10S 型（0~50V，0~10A）；集热式恒温磁力搅拌器，GF-101S 型；直流数字电压表，PZ158D 型；电解槽；高位槽；贮液槽；阳极板、阴极片、烧杯等。

（2）试料。电解液组成：Cu^{2+}：40~50g/L；Ni^{2+}<15g/L；H_2SO_4：180~240g/L；Fe<5g/L；As<5g/L；Sb<0.8g/L。添加剂（g/t-Cu）：骨胶：25~40g/t-Cu；硫脲：20~50g/t-Cu；干酪素：15~40g/t-Cu；盐酸：300~500mL/t-Cu。

（3）实验装置。实验装置如图 3-1 所示。

实验步骤

（1）拟定铜电解精炼的技术条件：电解液温度：55~60℃；阴极电流密度：180~250A/m^2；电解时间：2~3h；同极间距 70~90mm；电解液循环量 15~20mL/min；

（2）电解液预先配制好，并给出组成，将其注入电解槽中，一并放到恒温磁力搅拌器里，按要求升温至实验温度，开始搅拌并开通电解液循环系统；

（3）两块阳极和一片阴极分别称重，挂在导电棒上，放入电解槽中，调好极距，测出阴极的浸泡面积，计算出所需电流强度；

（4）接好线路，认真检查后，开始通电，计时。达到预定时间后，停电，取出阳极、阴极，放到烧杯内，用沸水煮洗 2 分钟，烘干、称重；

（5）整理好设备。

注意事项

（1）电解过程中，注意观察电流和槽电压。

（2）操作时要控制搅拌子较慢的转速，转速以不引起电解槽底沉积物上浮污染阴极为宜。

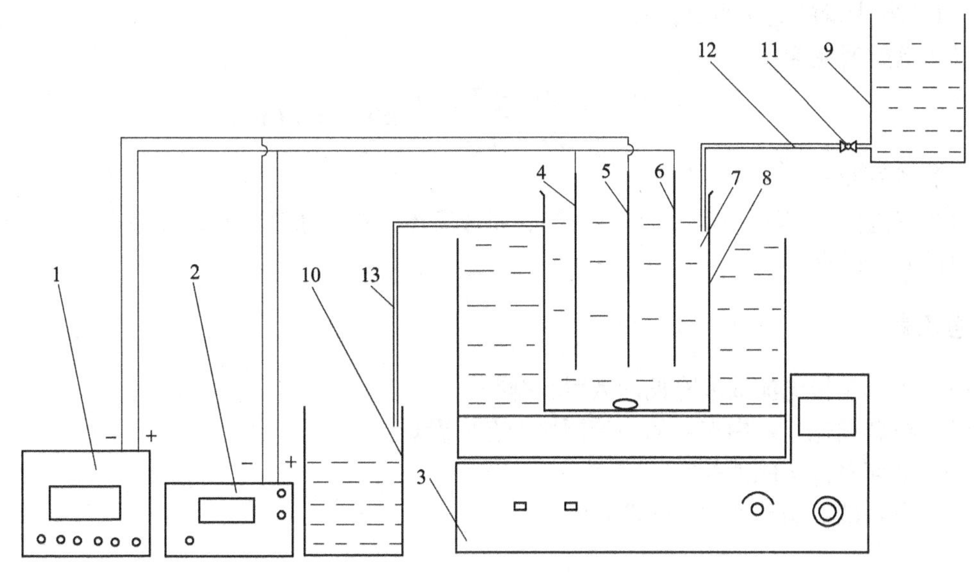

图 3-1　实验装置

1—直流稳流器；2—直流数字电压表；3—集热式恒温磁力搅拌器；4—阳极板；5—阴极板；6—阳极板；7—电解液；8—电解槽；9—高位槽；10—贮液槽；11—阀门；12—导液管；13—导液管

实验记录

电解液成分（g/L）：Cu^{2+}________；Ni^{2+}________；Fe________；H_2SO_4________；As________；Sb________。

电流密度（A/m^2）________；阳极电解前质量________；阴极电解前质量________；阳极电解后质量________；阴极电解后质量________。

实验记录表

时间/h	电流/A	槽电压/V	温度/℃	极间距/mm	循环量/$ml \cdot min^{-1}$	备注

数据处理与编写报告

（1）数据处理。

计算电流效率 η：

$$\eta = \frac{\text{实际析出铜量(g)}}{1.186\text{g}/(\text{A} \cdot \text{h}) \times \text{电解时间(h)} \times \text{电流强度(A)}} \times 100\%$$

式中，1.186 为铜的电化当量，g(A·h)。

计算电能消耗 W：

$$W = \frac{1000 \times 平均槽电压(V)}{1.186 \times \eta}, kW \cdot h/t\text{-}Cu$$

（2）编写报告。

报告应包括：实验日期、名称、目的、原理简述、技术条件、记录、数据处理，对实验结果的分析讨论。

思考题

（1）引起阴极电流效率降低的因素有哪些？

（2）电解精炼过程中产生的一价铜离子有何影响？

（3）如何降低电能消耗？

（4）电解液的循环方式有哪两种？

实验 3.2 铝土矿熟料溶出实验

实验目的

（1）掌握铝土矿熟料溶出工艺；

（2）熟悉溶出液中全碱、氧化铝、苛性碱、碳酸钠浓度的分析方法；

（3）了解二次反应及其影响因素。

实验原理

生料浆烧结得到的熟料，用赤泥洗液、碳分母液和氢氧化铝洗液组成的稀碱溶液（调整液）溶出，其目的是使其中的 Al_2O_3 和 Na_2O 尽可能多地转入溶液，不溶性的物质成为赤泥。

烧结法熟料的主要成分是铝酸钠、铁酸钠和原硅酸钙。其中，原硅酸钙是以 $\beta\text{-}2CaO \cdot SiO_2$ 形态存在的，它在熟料中的含量占30%以上。在熟料溶出过程中，铝酸钠溶解在碱性溶液中，铁酸钠水解生成氢氧化钠和含水氧化铁，氢氧化钠进入溶液，含水氧化铁进入赤泥，化学反应式为：

$$Na_2O \cdot Al_2O_3 + 4H_2O + aq = 2NaAl(OH)_4 + aq$$

$$Na_2O \cdot Fe_2O_3 + 2H_2O + aq = 2NaOH + Fe_2O_3 \cdot H_2O\downarrow + aq$$

原硅酸钙与溶液之间发生一系列的反应，使已进入溶液中的有用成分 Na_2O 和 Al_2O_3 重新析出进入赤泥而损失。由原硅酸钙所引起的这些反应称为熟料溶出时的副反应或二次反应。由二次反应造成的 $Na_2O \cdot Al_2O_3$ 的损失称为二次反应损失。

二次反应的实质首先是 $\beta\text{-}2CaO \cdot SiO_2$ 被 NaOH 和 Na_2CO_3 分解而使 SiO_2 呈可溶性化合物转入溶液中：

$$2CaO \cdot SiO_2 + 2NaOH + aq = 2Ca(OH)_2 + Na_2SiO_3 + aq$$

$$2CaO \cdot SiO_2 + 2Na_2CO_3 + H_2O + aq = 2CaCO_3\downarrow + Na_2SiO_3 + 2NaOH + aq$$

在熟料溶出工业条件下，溶出液中 Na_2O_K 的质量浓度高达 90g/L 以上，而 Na_2O_C 的质量浓度较低，只有 30g/L，因此可认为原硅酸钙主要是被 NaOH 所分解，进入溶液中的 $Ca(OH)_2$ 和 Na_2SiO_3 将与 $NaAl(OH)_4$ 进一步反应：

$$3Ca(OH)_2 + 2NaAl(OH)_4 + aq = 3CaO \cdot Al_2O_3 \cdot 6H_2O + 2NaOH + aq$$

$$2Na_2SiO_3 + 2NaAl(OH)_4 + aq = Na_2O \cdot Al_2O_3 \cdot 2SiO_2 \cdot 2H_2O + 4NaOH + aq$$

生成的含水铝酸钙再与溶液中的 Na_2SiO_3 作用生成水化石榴石：

$$3CaO \cdot Al_2O_3 \cdot 6H_2O + xNa_2SiO_3 + aq = 3CaO \cdot Al_2O_3 \cdot xSiO_2 \cdot (6-2x)H_2O + 2xNaOH + xH_2O + aq$$

水化石榴石也可以由 $Ca(OH)_2$、Na_2SiO_3 和 $NaAl(OH)_4$ 直接反应生成：

$$3Ca(OH)_2 + 2NaAl(OH)_4 + xNa_2SiO_3 + aq =$$
$$3CaO \cdot Al_2O_3 \cdot xSiO_2 \cdot (6-2x)H_2O + 2(x+1)NaOH + xH_2O + aq$$

生成的水化石榴石进入赤泥，造成了 Al_2O_3 的大量损失。$3CaO \cdot Al_2O_3 \cdot xSiO_2 \cdot yH_2O$

中的 x 值为 SiO_2 的饱和程度值，一般为 0.5 左右。Na_2SiO_3 与 $NaAl(OH)_4$反应生成含水铝硅酸钠造成了 Al_2O_3 和 Na_2O 的损失。熟料溶出的作业效果由 Al_2O_3 和 Na_2O 的净溶出率（$\eta_{A净}$和 $\eta_{N净}$）来衡量。

溶出温度、溶出液的 a_K 值、溶出液中 Na_2CO_3 浓度是溶出过程中主要控制因素。

影响二次反应的主要因素包括：溶出温度、NaOH 浓度、Na_2CO_3 浓度、SiO_2 浓度、溶出时间、溶出液固比、赤泥粒度。

仪器与药品

恒温磁力搅拌器；量筒（250mL）2 个；锥形瓶（250mL）5 个；柱形搅拌子 1 个；ϕ7 布氏漏斗 1 个；抽滤瓶（1000mL）1 个；抽滤机 1 台；ϕ7 滤纸 4 张；烧杯（250mL）2 个；移液管（2mL、5mL、10mL）各 1 支；容量瓶（250mL）1 个；洗耳球 1 只；滴定管（250mL）3 只。

分析溶液中全碱、氧化铝、苛性碱、碳酸钠浓度的仪器和药品。

熟料中各相关成分的含量（%）：

成分	Al_2O_3	N_K	SiO_2
含量（质量分数）			

调整液成分：

$N_T/g \cdot L^{-1}$	$N_C/g \cdot L^{-1}$	$Al_2O_3/g \cdot L^{-1}$

实验步骤

（1）将恒温磁力搅拌器接通电源，将接点温度计调节到 80℃。

（2）量取 150mL 调整液倒入锥形瓶中。并放入磁力搅拌转子，将锥形瓶放入恒温磁力搅拌器中预热，调节搅拌速度。用表面皿将瓶口盖好。

（3）取 30g 熟料。调整液预热到 80℃后，将熟料加入锥形瓶中。加入后用表面皿将瓶口盖好，开始记录时间。

（4）20min 后将锥形瓶取出。接通抽滤机电源。将溶出后的浆液进行抽滤（滤瓶需干燥后使用）。

（5）用 500mL 烧杯装入 400mL 左右去离子水，放在电炉上进行加热。

（6）用量筒测量滤液体积 $V_{滤}$。

（7）将滤液倒入烧杯中进行冷却。

（8）用加热后的去离子水清洗锥形瓶四次以上（注意应该少量多次）。将洗液倒入漏斗中抽滤。

（9）测量洗液的体积 $V_{洗}$。

（10）将洗液倒入烧杯中水冷。冷却后立即分析全碱、苛性碱和氧化铝的含量。

（11）取 5mL 滤液至 50mL 容量瓶中，定容。

（12）静置后分析全碱、苛性碱和氧化铝的含量。

注意事项

（1）向锥形瓶中加入熟料时，应注意尽量不要使熟料粘到杯壁上。
（2）为了防止洗液水解，洗液冷却后应马上进行滴定。

数据记录与处理

（1）溶出条件。

温度/℃	$\frac{L}{S}$	熟料质量/g	调整液体积/mL	溶出时间/min

（2）洗液相关数据。

体积/mL	$N_T/g\cdot L^{-1}$	$N_k/g\cdot L^{-1}$	$N_C/g\cdot L^{-1}$	$Al_2O_3/g\cdot L^{-1}$
含量				

（3）滤液相关数据。

体积/mL	$N_T/g\cdot L^{-1}$	$N_k/g\cdot L^{-1}$	$N_C/g\cdot L^{-1}$	$Al_2O_3/g\cdot L^{-1}$

（4）计算公式。

$$\eta_{A净} = \frac{(Al_2O_{3总} - Al_2O_{3调整液})}{Al_2O_{3熟料}} \times 100\%$$

$$\eta_{N净} = \frac{(Na_2O_{总} - Na_2O_{调整液})}{Na_2O_{熟料}} \times 100\%$$

式中，$Al_2O_{3总}$、$Na_2O_{总}$ 为溶液中 Al_2O_3 和 $Na_2O(N_K)$的总含量，由洗液中的含量加上滤液中的含量得到；$Al_2O_{3调整液}$、$Na_2O_{调整液}$ 为调整液中 Al_2O_3 和 $Na_2O(N_K)$的含量；$Al_2O_{3熟料}$、$Na_2O_{熟料}$ 为熟料中 Al_2O_3 和 $Na_2O(N_K)$ 的含量，用熟料中各相关成分的质量分数乘以熟料质量得到。

报告编写

（1）简述溶出过程中的基本反应；
（2）记录实验相关数据；
（3）计算滤液及洗液中的 N_T、N_K、N_C 和 Al_2O_3 的浓度。
（4）计算净液溶出率 $\eta_{A净}$ 和 $\eta_{N净}$。

思考题

简述溶出副反应的影响因素和抑制措施。

实验 3.3　硫酸锌溶液的电解沉积

实验目的

（1）掌握锌电解沉积的基本原理及其目的；
（2）了解各种锌电解沉积技术条件对电解过程的影响；
（3）掌握电流效率与电能消耗的概念与计算方法。

实验原理

硫酸锌溶液电沉积是从溶液中提取金属锌的过程。所用电解液为 $ZnSO_4$ 和 H_2SO_4 的水溶液。以铝板为阴极，铅银合金板（$w_{Ag}=0.75\%$）为阳极。当通直流电时，在阴极上析出金属锌，在阳极上放出氧气。其反应为：

$$ZnSO_4 + H_2O = Zn + H_2SO_4 + 1/2O_2$$

随着电解的进行，电解液中 Zn^{2+} 质量浓度逐渐减少，而 H_2SO_4 质量浓度逐渐增加。为了维持电解液中 Zn^{2+} 和 H_2SO_4 的质量浓度稳定，连续地抽出部分电解液作为废液送到浸出工序，同时连续地补充已净化的中性硫酸锌溶液。阴极上析出的锌每隔一定周期（24h）取出，将锌片剥下送熔化铸锭。阴极铝板经过清洗处理后，再装入电解槽中继续电解。

（1）阳极反应。

在阳极，电解时发生的主要反应为：

$$H_2O - 2e = 2H^+ + 1/2O_2$$

阳极放出的氧，大部分逸出造成酸雾，小部分与阳极表面的铅作用，形成 PbO_2 阳极膜，一部分与电解液中的 Mn^{2+} 起化学变化，生成 MnO_2。这些 MnO_2 一部分沉于槽底形成阳极泥，另一部分黏附在阳极表面上，形成 MnO_2 薄膜，并加强 PbO_2 膜的强度，阻止铅的溶解。

电解液中含有的 Cl^- 在阳极会氧化析出 Cl_2 会腐蚀阳极，污染车间。

$$2Cl^- - 2e = Cl_2$$

（2）阴极反应。

1）锌与氢的析出：正常电解时，电解液中 Zn^{2+} 浓度为 50~60g/L，H_2SO_4 浓度为 120~150g/L。若电解液中 Zn^{2+} 浓度为 50g/L，H_2SO_4 浓度为 115g/L，电流密度为 $600A/m^2$，则在 313K 时锌和氢的平衡电位分别为-0.7656V 和-0.0233V。由塔菲尔定律（即超电压与电流密度的关系式）可知，H^+ 在金属电极上析出超电压为 1.102V，而 Zn^{2+} 在金属电极上析出超电压约为 0.02~0.03V。虽然锌的平衡电位较氢的平衡电位更负，但由于 H^+ 在金属电极上有很高的超电位，而 Zn^{2+} 的超电位很小，这样 Zn^{2+} 和 H^+ 的实际析出电位分别为-0.7956V和-1.074V 左右，Zn^{2+} 的实际析出电位高于 H^+ 的实际析出电位。因此，在锌电解过程中，阴极主要是 Zn^{2+} 放电析出。

2）杂质在阴极上放电析出。电解液中 As、Sb、Ge、Ni、Cu、Co、Cd、Se 等杂质可以在阴极上析出，在阴极表面局部生成微电池反应，如 Cu-Zn、Sb-Zn 等，造成 Zn 的溶解；同时，这些杂质还可降低H^+的超电压使得 H 在阴极析出，这两方面都会造成阴极电流效率的降低。

实验设备、试剂及实验技术条件

（1）实验设备：直流稳压电源、恒温磁力搅拌器、直流数字电压表、电解槽、高位槽、贮液槽、铅银阳极板、铝阴极片等。

（2）试剂：硫酸锌、硫酸、电解液、明胶。

（3）实验装置：实验装置如图 3-2 所示。

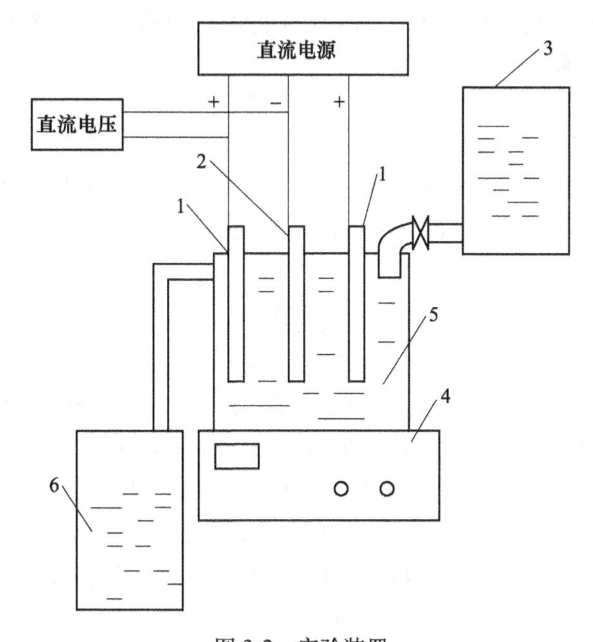

图 3-2 实验装置

1—铅银阳极；2—铝阴极；3—高位槽；4—恒温磁力搅拌器；5—电解槽；6—贮液槽

实验步骤

1. 电解液的配制

（1）用$ZnSO_4$、水和H_2SO_4配制含Zn^{2+} 55g/L，H_2SO_4 130g/L 的电解液 10L；

（2）按明胶添加剂 0.1g/L 进行电解液配制的冶金计算；

（3）按计算结果配制电解液并取样分析酸、锌的含量（g/L）。

2. 锌、酸浓度的分析方法

（1）酸的测定：准确吸取 1mL 电解液于 300mL 三角杯中，加 30~50mL 蒸馏水稀释；加 0.1 %甲基橙 2~3 滴，用标准氢氧化钠溶液滴定，滴定至由红色变为黄色为终点，即为滴定的酸度。

酸度的计算：

$$G = \frac{0.049TV}{X} \times 1000$$

式中，G 为电解液中 H_2SO_4 的浓度，g/L；T 为氢氧化钠当量浓度；V 为滴定消耗的氢氧化钠的量，mL；X 为取样分析的电解液的量，mL。

（2）电解液含 Zn 量的测定：采用 EDTA 容量法（络合滴定）测定浸出液 Zn 含量，其分析步骤如下：

1）用移液管准确吸取浸出液 1mL 于 200mL 三角杯中，加蒸馏水 20mL；

2）加 0.1%甲基橙 1 滴，加 1∶1 HCl 溶液中和甲基橙至溶液变为红色；

3）加 1∶1 氨水 2~3 滴，使其变黄；

4）加醋酸-醋酸钠缓冲液 10mL，加 10%的硫代硫酸钠 2~3mL 混匀；

5）加 0.5 二甲酚橙指示剂 2 滴，用 EDTA 标准溶液滴定至溶液由酒红色变致亮黄色。

浸出液含 Zn 量计算：

$$G = VT\frac{W}{X}$$

式中，G 为浸出液含锌总量，g；V 为滴定消耗的 EDTA 量，mL；T 为滴定度，$g \cdot mL^{-1}$；W 为浸出液总体积，mL；X 为取出来分析的浸出液体积，mL。

3. 实验步骤

（1）电解液温度：40~50℃；阴极电流密度：450~500A/m^2；电解时间：2h；同极间距：30~40mm；电解液循环速度：50~100mL/min。

（2）电解前的准备工作。将配制好的电解液放入高位加热槽加热；用砂纸把导电板、棒、阳极、阳极与棒接触点部位擦干净；将电解槽等清洗干净；将阳极、阴极放入沸水中煮沸 1min，取出晾干后称重；按要求接好线路；装好导电板、棒；按极距要求安放好阳极。

（3）电解实验。认真检查准备工作无误后，将加热好的电解液放入电解槽中，按要求控制好循环液量，放入阴阳极板于预定位置后开始通电，电流强度调整在给定值，做好电解记录（20min 记录一次）达到预定电解时间后，停电、取出阳极、阴极放入沸水中煮沸 2min，烘干、称重、测出阴极浸入电解液中的有效面积。

（4）按要求将电解液放入存放槽后，清洗整理好实验用具。

4. 实验记录

电解液成分（g/L）：Zn^{2+} ________；H_2SO_4 ________。电流密度（A/m^2）________；阴极有效面积________；阴极电解前质量________；阴极电解后质量________；循环方式________。

实验记录表

时间/h	电流/A	槽电压/V	温度/℃	极间距/mm	循环量/mL/min	备注

数据处理与编写报告

（1）数据处理。

计算电流效率 η：

$$电流密度 = \frac{电流强度(A)}{阴极有效面积(m^2)}$$

$$电流效率\ \eta = \frac{实际析出\ Zn\ 量(g)}{1.22g/(A \cdot h) \times 电解时间(h) \times 电流强度(A)} \times 100\%$$

式中，1.22 为 Zn 的电化当量，g/(A · h)。

计算电能消耗 W：

$$电能消耗\ W = \frac{1000 \times 平均槽电压(V)}{1.22 \times \eta}, kW \cdot h/ t\text{-}Cu$$

（2）编写报告。报告应包括：实验日期、名称、目的、原理简述、技术条件、记录、数据处理，对实验结果的分析讨论。

思考题

（1）电解沉积和电解精炼有何异同?

（2）电解过程中电解液主要成分浓度会如何变化，对电积过程有何影响，可采取哪些措施来减少这种影响?

（3）如何降低锌电积过程的电能消耗?

实验3.4 溶剂萃取法从钨酸钠溶剂制取钨酸铵溶液

实验目的

溶剂萃取技术是高效分离和提取物质的最先进的方法之一，具有选择性高、投资少、无污染、分离效果好、能耗低、适应性强等特点，在湿法冶金等领域得到了越来越广泛的应用。在钨冶金中，通过溶剂萃取法不但可以浓缩产品，而且能除杂，并且完成从钨酸钠到钨酸铵的转型。

本实验通过钨酸钠的溶剂萃取和反萃转型，学习掌握溶剂萃取法的基本操作和原理，从而加深对溶剂萃取工艺的了解以及萃取分配比、萃余分数计算的理论知识的理解。

实验原理

本实验以碳酸根型季铵盐为萃取剂，碳酸氢铵为反萃剂组成萃取系统，其三步反应可表示如下：

（1）萃取：

$$(R_4N)_2CO_3(org) + Na_2WO_4(aq) \longleftrightarrow (R_4N)_2WO_4(org) + Na_2CO_3(aq)$$

（2）反萃：

$$(R_4N)_2WO_4(org) + NH_4HCO_3(aq) \longleftrightarrow 2(R_4N)HCO_3(org) + (NH_4)_2WO_4(aq)$$

（3）有机相再生：

$$2(R_4N)HCO_3(org) + 2NaOH(aq) \longleftrightarrow (R_4N)_2CO_3(org) + Na_2CO_3(aq) + H_2O$$

萃取分配比的计算：

$$萃取分配比 = [A]_{(org)}/[A]_{(aq)}$$

式中，$[A]_{(org)}$为有机相中钨酸根的物质的量浓度；$[A]_{(aq)}$为水相中钨酸根的物质的量浓度。

萃余分数的计算：

$$萃余分数 = [A]_{n(aq)}/[A]_{0(aq)}$$

式中，$[A]_{n(aq)}$为经n次萃取后，水相中钨酸根的物质的量浓度；$[A]_{0(aq)}$为萃取前水相中钨酸根的物质的量浓度。

纯化倍数的计算：

$$纯化倍数 = [WO_4/(WO_4 + SiO_4)]_n/[WO_4/(WO_4 + SiO_4)]_0$$

式中，$[WO_4/(WO_4+SiO_4)]_n$为经n次萃取后，水相中钨酸根的物质的量浓度；$[WO_4/(WO_4+SiO_4)]_0$为萃取前水相中钨酸根的物质的量浓度。

实验方法

本实验用含40%N263和20%仲辛醇的煤油组成有机相，用$Na_2WO_4 \cdot 2H_2O$和Na_2SiO_4试剂配成$[WO_4^{2-}]=0.1$mol/L和$[SiO_4^{2-}]=0.05$mol/L的溶液作为水相，用0.5mol/L的$NaHCO_3$水溶液组成反萃相，用0.2mol/L的NaOH水溶液作为有机溶剂的再生相。

通过分液漏斗，对水相进行萃取，有机相再用碳酸氢钠溶液反萃，有机相最后用氢氧化钠溶液再生回收。萃余液和反萃液的钨、硅浓度用原子吸收检测。根据所得结果计算分配比、萃余分数及纯化倍数。

实验仪器及试剂

（1）实验仪器：电子天平、磁力搅拌器、分液漏斗、量筒、原子吸收光谱仪、pH 计。实验装置如图 3-3 所示。

图 3-3　实验装置

（2）试剂：$Na_2WO_4 \cdot 2H_2O$（分析纯）、Na_2SiO_4（分析纯）、NH_4HCO_3（分析纯）、NaOH（分析纯），N263（分析纯），仲辛醇（分析纯），煤油。

实验步骤

（1）溶液的配制：

有机相：准确称取 40g N263，20g 仲辛醇及 40g 煤油于 200mL 的烧杯中，搅拌均匀；

水相：准确称取 3.3g $Na_2WO_4 \cdot 2H_2O$ 及 0.61g Na_2SiO_4 于 200mL 的烧杯中，加蒸馏水 100mL 溶解；

反萃相：准确称取 2.0g NH_4HCO_3 于 100mL 的烧杯中，加蒸馏水 50mL 溶解；

再生相：准确称取 0.4g NaOH 于 100mL 的烧杯中加蒸馏水 50mL 溶解；

（2）将有机相和水相都倒入 250mL 玻璃分液漏斗中，充分混合后静置，待两相分离明显，缓慢放出下层水相，水相留存备测试含量。

（3）将反萃相倒入上步分液漏斗中，充分混合后静置，待两相分离明显，缓慢放出下层反萃水相，反萃水相留存备测试含量。

（4）将再生相倒入上步分液漏斗中，充分混合后静置，待两相分离明显，缓慢放出下层水相，有机相回收，测试水相前后的 pH 值。

（5）萃余水相与反萃水相送原子吸收测试钨、硅离子浓度。

（6）处理实验数据，实验进行完毕后整理实验仪器，打扫卫生。

注意事项

（1）煤油易挥发易燃烧，不能见明火，避免接触高温，以免起火爆炸。

（2）小心使用玻璃分液漏斗，防止玻璃破损。混合时要剧烈摇动分液漏斗，确保两相充分接触。分液时要等两相完全分开再放出下层，下层水相必须完全放出，以免影响萃取效果和下步操作。

（3）原料的溶解需要一定时间，要充分搅拌确保溶解完全。

编写实验报告

（1）简述实验原理、实验方案及过程。

（2）实验记录。

1）应说明被测溶液的浓度；

2）应提供实验数据记录，包括实验次数、物质浓度及相应的 pH 值。

（3）实验数据处理。

萃取分配比的计算：

$$[A]_{(org)}/[A]_{(aq)}$$

$[A]_{(org)}$为有机相中钨酸根的（物质的量浓度）；$[A]_{(aq)}$为水相中钨酸根的（物质的量浓度）。

萃余分数的计算：

$$[A]_{n(aq)}/[A]_{0(aq)}$$

$[A]_{n(aq)}$为经 n 次萃取后，水相中钨酸根的物质的量浓度；$[A]_{0(aq)}$为萃取前水相中钨酸根的物质的量浓度。

纯化倍数：

$$[WO_4/(WO_4 + SiO_4)]_n/[WO_4/(WO_4 + SiO_4)]_0$$

$[WO_4/(WO_4+SiO_4)]_n$为经 n 次萃取后，水相中钨酸根的物质的量浓度；$[WO_4/(WO_4+SiO_4)]_0$为萃取前水相中钨酸根的物质的量浓度。

（4）分析结果并得出结论。

（5）提出合理的意见和建议。

思考题

为什么要在生产实践中采用分配比表示溶质在有机相和水相中的分配情况？

实验 3.5　含铅渣的氯盐选择性浸出实验

实验目的

氯化冶金工艺的基本过程是氯化浸出。当浸出过程同时附加分离的目的时，就叫“选择性浸出”。本实验的主要目的是为了使同学熟悉选择性浸出的过程和方法，掌握浸出率的正确计算方法。

实验内容及基本原理

（1）实验内容：含铅渣的氯盐选择性浸出过程的浸出率的测定。

（2）实验原理：HCl-NaCl 浸出含铅渣的反应式主要是：

$$PbO + 2HCl = PbCl_2 + H_2O$$

$$Pb_3O_4 + 8HCl = 3PbCl_2 + Cl_2 + 4H_2O$$

$$PbCl_2 + 2NaCl = Na_2PbCl_4$$

$PbCl_2$ 在常温水中的溶解度很小，而在氯化钠溶液中的溶解度随着氯化钠的浓度和温度的增加而增高。在沸腾的饱和食盐溶液中，其溶解度可达 189g/L。

浸出后，含铅渣中的铅以 Pb^{2+} 与 Cl^- 形成配位数不同的各种配合物的形式浸出，而其他成分如 Fe、SiO_2 等不容易被浸出，从而达到选择性浸出铅并分离其他成分的目的。

实验用仪器与药品

78HW-3 恒温磁力搅拌器、真空干燥箱、SHZ-3 水循环真空泵、烧杯、含铅渣、HCl-NaCl 溶液。

实验方法与步骤

每次实验称取 10g 含铅渣，放入 200mL 烧杯中，加入配制好的 HCl-NaCl 溶液，然后置于恒温磁力搅拌器上。在温度为 95℃，盐酸浓度为 6mol/L，NaCl 浓度为 280g/L，液固比为（L/S）6∶1 的条件下浸出 60min 后，真空抽滤进行固液分离。浸出渣充分洗涤，烘干后，称重、取样，并用 EDTA 容量法测定浸出渣的 Pb 含量，然后按如下公式计算出 Pb 的浸出率：

$$浸出率 = 100\% - \frac{浸出渣中铅的质量}{原料中铅的质量} \times 100\%$$

实验准备及预习要求

（1）配制好 HCl-NaCl 溶液；

（2）实验前要认真预习。

思考题

（1）含铅渣氯盐浸出时，除了加入 HCl 溶液之外，为什么还要加入 NaCl？

（2）含铅渣氯盐浸出时，浸出温度对 Pb 的浸出率有什么的影响？

实验 3.6 含锑复合渣动态真空闪速碳还原动力学实验

实验目的

(1) 掌握真空冶金实验操作的基本技术（如真空和高温的获得等），以及相关仪器与设备的正确使用方法。

(2) 掌握冶金动力学研究方法。

实验内容及基本原理

(1) 实验内容：测出一定温度、不同还原时间条件下 Sb 的蒸发率，绘出蒸发率与还原时间的关系图，确定还原反应的控制环节。

(2) 实验原理：冶炼以脆硫锑铅矿为主的复杂锑、铅精矿过程中，产生大量的富含 Sb、Pb、Sn 等有价金属的复合渣。物相分析表明，Sb、Pb 以多种复杂的氧化物的形式存在。其中，Sb 主要以 Sb_2O_4、Sb_2O_3 和 Sb_2O_5 等形式存在。为了解决污染问题并对资源进行循环利用，采用动态真空闪速碳还原方法处理含锑复合渣。

在含锑复合渣动态真空闪速碳还原反应中，复合渣中参与碳还原的高价氧化锑主要是 Sb_2O_4，由于 Sb_2O_4 具有不熔化的特性，而还原剂碳的熔点很高，在实验所取的温度范围内，Sb_2O_4 和碳都呈固态。在抽真空条件下，Sb_2O_4 和碳的还原过程中产生的 CO 或 CO_2 气体会很快离开反应区域。因此，与固体 C 和 Sb_2O_4 的固-固相反应相比较，CO 气体作为中间产物继续与 Sb_2O_4 发生气-固相反应的概率较小。

因此，含锑复合渣真空碳还原反应可看成固-固相反应。下面以固-固相反应模型讨论其动力学过程。

和其他的多相反应一样，含锑复合渣真空碳还原反应的反应速率由所包含步骤中的一个或几个所控制。由于还原反应在真空中进行，CO_2 和 CO 等气体从反应界面上解吸与扩散很容易进行，不会成为反应的限制步骤。在混合粉末反应中，固体颗粒必须彼此接触，并且至少有一个反应物，在反应开始形成固体残物层后，反应组分必须要经过固体残物层而扩散（如图 3-4 所示）。

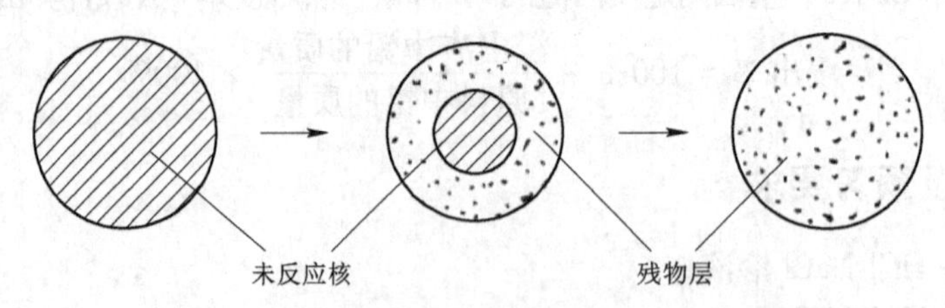

图 3-4 含锑复合渣真空碳还原过程示意图

含锑复合渣真空碳还原的可能限制性环节为：

1) 碳经过固体残物层的扩散；

2) 碳与含锑复合渣在相界面上的化学反应；

3）界面化学反应和反应物的扩散共同限制。

（3）不同的速度控制步骤有不同的动力学方程式。

当含锑复合渣真空碳还原反应的反应速率受化学反应所控制时，界面上的化学反应速率要远小于反应组分穿过固体残物层的扩散速率，其反应速率方程式表达如下：

$$1 - (1 - \alpha)^{\frac{1}{3}} = kt \tag{3-1}$$

当含锑复合渣真空碳还原反应过程的反应速率受碳经过固体残物层的扩散所限制时，扩散速率比在界面上发生的化学反应速率小得多。由于在固体残物层中的扩散现象十分复杂，它受到晶体缺陷、界面的性质和颗粒分布等因素的影响，因此根据不同的条件，提出了不同的数学模型。其中，运用 ГинстΛиг 方程的效果要好。故反应速率方程式用 ГинстΛиг 方程表达为：

$$1 - \frac{2}{3}\alpha - (1 - \alpha)^{\frac{2}{3}} = kt \tag{3-2}$$

当在固-固相反应的整个过程中各过程的速率都相接近时，固-固相反应速率可用塔曼的经验关系式进行估计：

$$\alpha = k\ln t \tag{3-3}$$

以上式（3-1）~式（3-3）中，α 为 t 时的反应率；k 为反应速率系数。

根据有气体中间产物的固-固反应模型，可确定还原反应的控制环节。

实验用仪器、设备

实验整个装置由真空炉、温度检测与控制系统，以及真空获得和检测系统三部分组成。所用仪器、设备主要有：2XZ-1 型旋片式真空泵、麦氏真空计、TCE-I 型温度控制器、XMZ 型数显指示仪、LZB-3 型空气流量计、GB-J30-T 型微调阀、真空炉。

实验方法与步骤

将盛有一定量的含锑复合渣和碳粉（碳粉用量为复合渣质量分数的 10%）混合料的方瓷舟放入蒸发器中，将蒸发器密闭好，抽真空，再放入已升到一定温度的真空炉中，加热到指定的温度（分别为 923K、973K 和 1023K）后，用微调阀控制空气流量，控制空气流量 400mL/min，开始计算还原时间。达到实验设定的时间后立即切断加热电源、停泵，将蒸发物从冷凝器中取出，并迅速将料舟从加热区中退出。待料舟冷却后，称重，计算残渣量。残渣与料舟分离后，取残渣样用 $Ce(SO_4)_2$ 容量法测定其 Sb 含量，然后按下式计算 Sb 的蒸发率，绘出蒸发率与还原时间的关系图，确定还原反应的控制环节。

$$\text{Sb 蒸发率} = 100\% - \frac{\text{残渣中的 Sb 量}}{\text{复合渣中的 Sb 量}} \times 100\%$$

实验准备及预习要求

（1）实验前，将真空炉预先升到一定温度；

（2）实验前，将实验所用的含锑复合渣和碳粉按组成混匀；

（3）实验前要认真预习。

思考题

（1）简述真空热还原的主要用途。真空热还原方法的主要优点是什么？

（2）何谓多相反应的限制性环节？

4 冶金过程模拟实验

实验 4.1 真空脱气精炼过程的物理模拟实验

实验目的

（1）学会物理模型的实验方法；

（2）了解 RH 精炼装置的工作原理、流动和混合特征；

（3）考察操作参数对 RH 真空精炼过程的影响。

实验原理

为了获得纯净钢和超低碳钢，必须对钢水进行真空处理，RH 精炼技术就是其中之一。它于 1957 年由德国 Ruhrstahl 和 Heraus 公司共同设计，1959 年正式投入工业应用。80 年代以来，日本的研究人员对此技术进行开发，产生了 RH-OB，RH-KTB，RH-PB 等新技术。RH 主体设备是一个真空槽，槽内下部有上升管和下降管，插入大包钢液中，在真空槽内抽真空，并在上升管中通入提升氩气，由于气泡浮力的作用，上升管中与氩气混合的钢液向上流动进入真空槽，在槽内发生脱碳反应和脱气反应，然后在重力作用下从下降管流回大包，如此反复，形成连续的循环。因此，不难理解，RH 装置中上升管的直径、喷吹提升氩气的方式和气量、真空度以及真空槽内钢液的深度等均将对 RH 装置内的循环流量和脱气行为产生影响。本实验的重点将利用物理模型考察 RH 装置内的流动特征及操作参数和对脱气行为的影响。

（1）相似准则。为了能经济、实效地研究操作参数对脱气过程的影响，根据 120t 实际钢液，确定物理模型的几何相似比为 1∶3，物理模型由有机玻璃制作。

考虑到 RH 装置内的湍流流动，在动力相似准数的选择上，选用弗劳德准数：

$$Fr = \frac{u^2}{gD} \tag{4-1}$$

式中，u 为特征速度（可指下降管的平均流速）；D 为下降管的直径。

特征速度可由下式给出：

$$u = \frac{4Q}{\pi D^2} \tag{4-2}$$

式中，Q 为钢液体积流量，m^3/s。

（2）实验参数的确定。根据下降的弗鲁德数相等来确定模型中提升气体流量：

$$\left(\frac{u^2}{gD}\right)_m = \left(\frac{u^2}{gD}\right)_p \Rightarrow Q_{m,1} = \lambda^{\frac{5}{2}} Q_{p,1} \tag{4-3}$$

式中，m 代表模型；p 代表原型；λ 为几何比。

根据 Kuwabara 提出的循环流量的经验式：

$$Q_{m,1} = 1.9Q_{m,gas}^{\frac{1}{3}} \cdot D_{m,up}^{\frac{4}{3}} \left(\ln \frac{P_h}{P_{vac}}\right)_m^{\frac{1}{3}} \tag{4-4}$$

$$Q_{p,1} = 1.06Q_{p,gas}^{\frac{1}{3}} \cdot D_{p,up}^{\frac{4}{3}} \left(\ln \frac{P_h}{P_{vac}}\right)_p^{\frac{1}{3}} \tag{4-5}$$

式中，量的单位均为国际单位，$P_h = P_{vac} + \rho_1 gh$；$h$ 为真空室液面至喷吹气量点的距离。

将上两式代入式（4-3），即可确定 $Q_{m,g}$ 与 $Q_{p,g}$ 之间的关系，以此可确定实验时应提升的气量。

实验装置

（1）设备：真空泵一台、电导率仪一台、钢包模型一个、真空室模型一个、氮气瓶一个、流量计 4 个、数据采集仪一台、计算机一台。

（2）实验装置：RH 钢液真空处理冷态模拟实验装置示意图如图 4-1 所示。

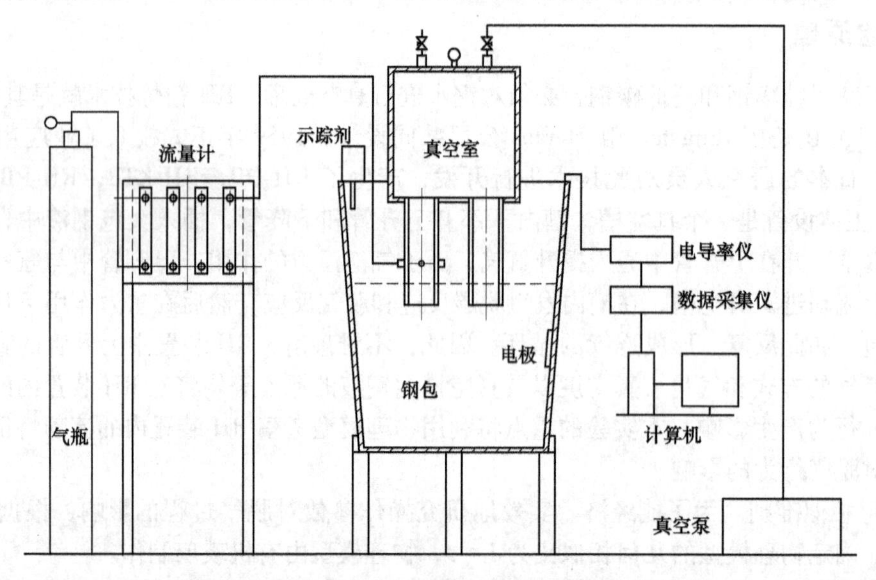

图 4-1　RH 钢液真空处理冷态模拟实验装置示意图

实验步骤

1. 准备

（1）配浓度为 200g/L 的 NaCl 溶液作为示踪剂用。

（2）打开计算机，运行 RH 真空实验数据采集与处理控制系统软件，输入文件名。

（3）检查真空泵油位是否在油标 2/3 处，如果油位偏低，加入真空泵油（清洁的 1 号真空泵油）到油标 2/3 处。

（4）打开真空泵排气孔盖子。

（5）打开氮气瓶的出气总阀。

（6）合上电导率仪电源开关。

（7）合上物理模拟实验数据采集仪电源开关。

2. 实验及测定

（1）打开钢包进水阀门，让水流入钢包中。当钢包中的水面上升到实验高度（标记处）时，关闭进水阀门。

（2）打开氮气瓶的减压阀，并调整该阀门使氮气出口压力为 0.10MPa。打开氮气的流量计，送入一定量的（每个流量计可采用 $0.05m^3/h$、$0.1m^3/h$、$0.15m^3/h$、$0.2m^3/h$[1] 的流量）提升气体。在软件的实验条件中输入提升气体总流量。

（3）合上真空泵三相电源开关，对真空室抽真空。当达到一定的真空度时，可以看到水被抽入到真空室中，且从上水管（有提升气体）流入到真空室，从下降管流入到钢包。

（4）调整真空室抽气阀门，使真空室的液面达到实验液面（标记处）。当真空室液面过高时，关小真空室抽气阀门；当真空室液面过低时，开大真空室抽气阀门。

（5）当达到稳定态后，加入 200g/L 浓度的 NaCl 溶液示踪剂，同时点击数据采集记录软件“运行”画面上的“开始”按钮，记录示踪剂浓度随时间的变化。

（6）当示踪剂浓度不再发生变化时，点击数据采集记录软件“运行”画面上的“停止”按钮。

（7）实验结束，先关闭真空泵三相开关，后关闭氮气瓶减压阀门，打开真空泵进气阀，破坏真空，使真空室的水流回钢包。

（8）对于教师专用版软件，点击“计算”按钮，计算得到混匀时间。对于学生版专用软件，无此计算功能。

（9）点击软件上的“保存”按钮，将示踪剂浓度随时间变化的数据保存到文件中。该文件以输入的文件名命名，保存在软件所在目录下的“Data”文件夹中。

3. 注意事项

（1）启动真空泵前，一定要检查真空泵油位是否正常，真空泵排气孔盖子是否打开。

（2）在实验中，要注意真空室液面不能超过临界液面，以防止水被抽出真空室。如果真空室的液面过高时，可立即关闭真空室抽气阀和断开真空泵电源。

混匀时间计算

学生版的软件无混匀时间计算功能，可以根据软件记录的数据文件中的数据，按照以下方法编程或用 Excel 软件自己计算。实验测定的示踪剂浓度随时间的变化曲线如图 4-2 所示。

在完全混匀时，示踪剂平均浓度的信号值为 1mV，如果定义达到完全混匀时示踪剂平均浓度的 95%所需要的时间为混匀时间，则当示踪剂浓度进入到其平均值的±5%的范围且不再超出，这时所对应的时间就是所定义的混匀时间。按此定义，在图 1 中过 $y_1 = 1mV + (1-95\%)mV = 1mV + 0.05mV = 1.05mV$ 处作一条水平线；过 $y_2 = 1mV-(1-95\%)mV = 1mV-0.05mV = 0.95mV$ 处作一条水平线。找出混匀曲线与这两条水平线相交点的最大时间，即为实验的混匀时间。图 4-2 所示的混匀时间为 14.5s。

[1] 本书中采用的气体流量为标准状态流量。

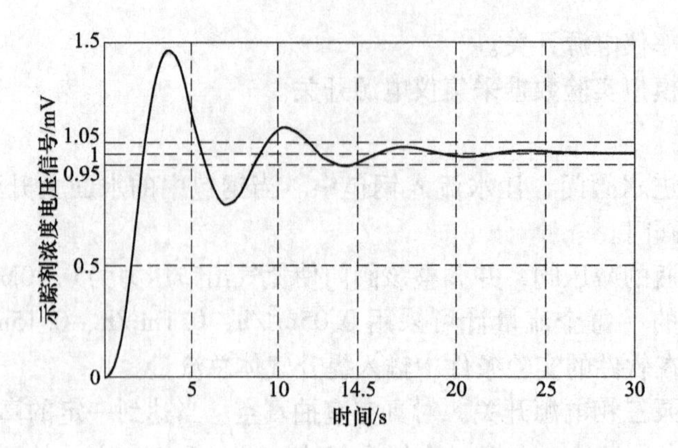

图 4-2 实验测定的示踪剂浓度随时间的变化

编写报告

（1）简述实验基本原理。

（2）记录实验条件、数据。

（3）依据实验测定的数据绘制使示踪剂浓度电压信号毫伏值与时间的关系曲线，并根据混匀时间的定义（95%的混合度）给出每一条件下的混匀时间。

（4）讨论操作条件对 RH 精炼过程混匀时间的影响。

实验 4.2　转炉炼钢冷态模拟综合实验

实验目的

（1）了解顶吹条件下溶池的搅拌状况；
（2）加深理解枪位高度与熔池的冲击深度，冲击面积以及喷溅状况之间的关系；
（3）对比顶吹和底吹状况下，溶池的搅拌强度；
（4）对比顶底复吹条件下，溶池的动力学状况。

实验原理

转炉炼钢过程所表现出的冶金现象比较复杂。熔池金属脱磷、脱硫、炉渣碱度、渣中（$\sum$FeO）、熔池温度以及金属液成分等许多工艺参数影响这一过程。而这一复杂的冶金现象很难用数学模型表达清楚，因此模拟试验是研究冶金过程的有效方法。

模拟试验的关键是正确设计模型。正确设计模型的基础是按照准数相似原理进行模型设计。

本实验主要研究转炉内熔体的流动形态、熔池的搅拌强度、供气量、枪位高低对熔池的冲击深度、喷溅状况、冲击面积等的影响。过程的本质主要是惯性和重力起主导作用，因此要使模拟实验更真实地反映实际情况，就必须使原型的弗劳德数 $(Fr)_p$ 和模型的弗劳德数 $(Fr)_m$ 相等，即：

$$(Fr)_p = (Fr)_m \tag{4-6}$$

因此有：

$$\left(\frac{V^2}{gl}\right)_p = \left(\frac{V^2}{gl}\right)_m \tag{4-7}$$

设模型与原型的特征长度之比为 K，即：

$$\frac{l_m}{l_p} = K \tag{4-8}$$

则：

$$\frac{V_m}{V_p} = K^{\frac{1}{2}} \tag{4-9}$$

$$\frac{Q_m}{Q_p} = K^{\frac{5}{2}} \tag{4-10}$$

$$\frac{t_m}{t_p} = K^{\frac{1}{2}} \tag{4-11}$$

从而可确定模型和原型各参数之间的相对关系。

实验装置

设备：3W-0.9/7 空气压缩机一台、电导仪一台、微机一台。
实验装置见图 4-3。

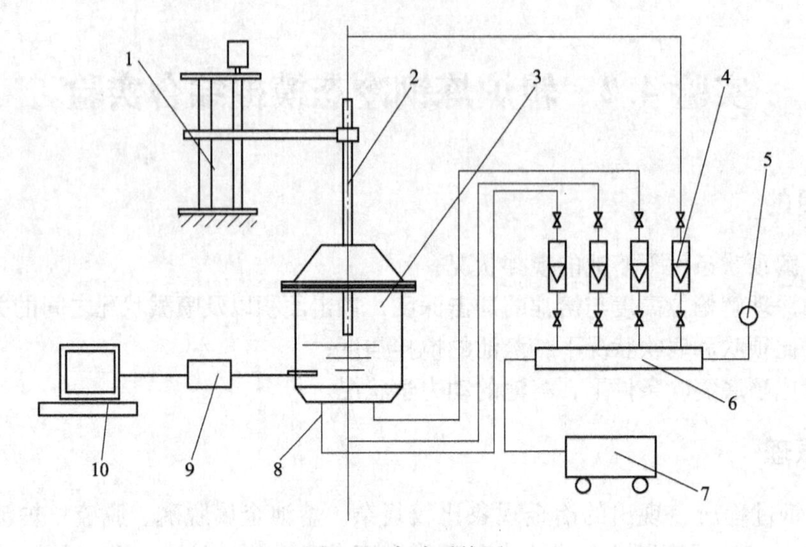

图 4-3 实验系统图

1—氧枪升降结构；2—顶吹氧枪；3—转炉模型；4—流量计；5—压力表；6—稳压罐；
7—空压机；8—底吹喷嘴；9—电导仪；10—计算机

实验步骤

1. 准备

（1）将水注入转炉模型内，注水高度约 430mm。

（2）按图 4-3 所示将各单元连接好。

2. 顶吹

当压力表读数为 0.7MPa 时，下顶枪吹炼，供氧量 $Q=40\mathrm{m^3/h}$。

记录下不同的枪位（H）所对应的溶池的冲击深度（h）及弯月面直径（d），填入表 4-1中。

表 4-1 实验参数表

H/mm	400	300	200	100
h/mm				
d/mm				

确定合适枪位（如 300mm），由模型顶部加入 1000mL 饱和 NaCl 水溶液，记下混匀时间 t_1。

3. 底吹

将顶枪关闭，当溶池平静后，开底枪，加 1000mL 饱和 NaCl 水溶液，记录不同流量下 Q_1，溶池的混匀时间 t_2，填入表 4-2 中。

表 4-2 溶池的混匀时间

$Q/\mathrm{m^3 \cdot h^{-1}}$	2	6	8	10
t_2/s				

观察示踪剂的运动轨迹，画出流体的流动形态。

4. 顶底复吹

观察顶底复吹条件下溶池流体流动状况。

确定底部供气量为 $8m^3/h$，顶部供气量不变。加 1000mL 饱和 NaCl 水溶液于炉内。记录下混匀时间 t_3。

实验报告

（1）用坐标纸画出气流对溶池冲击深度 h，弯月面直径 d 随枪位 H 的变化曲线。

（2）用坐标纸画出混匀时间 t_2，与底部供气量 Q_1 之间的变化关系曲线。

（3）对比顶吹、底吹和顶底复吹条件下溶池的搅拌、喷溅状况，说明顶底复吹的优点。

（4）对比 t_1、t_2、t_3 说明溶池动力学状况。

思考题

（1）转炉吹炼中顶枪枪位是否变化？如果变化，那么前期枪位高还是中后期枪位高，为什么？

（2）底吹或顶底复吹为什么合金的收得率比纯氧顶吹高？

实验 4.3 中间包冶金冷态模拟实验

实验目的

（1）了解连铸的基本设备和连铸的基本操作工艺过程；
（2）了解钢水在中间包内的停留时间对钢质量的影响；
（3）掌握中间包冶金冷态实验的基本研究方法；
（4）掌握不同挡墙（堰坝）对停留时间的影响；
（5）掌握不同挡墙（堰坝）对流场的影响。

实验原理

在钢铁冶金冶炼工艺过程中，连铸是最后一个环节，也是一个最重要的环节。在整个冶炼过程中，无论炼铁、炼钢操作工艺多先进，所炼的钢水质量多高，如果连铸操作不当，铸坯的质量也难以保证，甚至还会造成废品。因此，中间包冶金越来越受到冶金学者的重视。连铸和转炉炼钢一样，也是高温、多组元、多相而又同时进行的反应，其过程相当复杂，这些复杂的冶金现象和生产技术问题，有时是很难用数学模型来表达，即使有时建立了数学模型，也很难求解。冷态模拟实验，可方便快捷地解析冶金过程的流动基本现象，而且研究成本大大降低。

在连铸中间包的操作过程中，惯性和重力起主导作用。因此，要使模拟实验真实地反映实际情况，就必须是原型的弗劳德准数 $(Fr)_p$ 和模型的弗劳德准数 $(Fr)_m$ 相等，即：

$$(Fr)_p = (Fr)_m \tag{4-12}$$

从而有：

$$V_p^2/gL_p = V_m^2/gL_m \tag{4-13}$$

从而可确定模型和原型各参数之间的相对关系。

本实验确定：

模型与原型的尺寸比：

$$L_m/L_p = \lambda = 1/3$$

模型与原型的速度比：

$$V_m/V_p = \lambda^{0.5} = 0.5774 \tag{4-14}$$

模型与原型的流量比：

$$Q_m/Q_p = \lambda^{2.5} = 0.0642 \tag{4-15}$$

模型与原型的停留时间比：

$$t_m/t_p = \lambda^{0.5} = 0.5774 \tag{4-16}$$

实验装置

实验装置主要由大包、中间包、各种挡墙（堰坝）、电导仪、检测仪表和计算机所组成。设备流程图如图 4-4 所示。

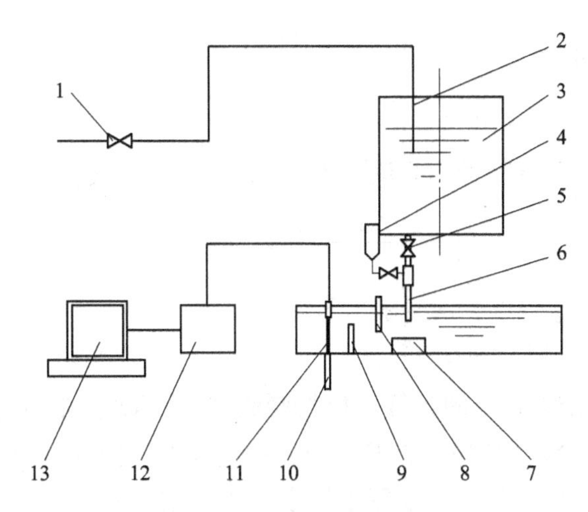

图 4-4　实验装置示意图

1—水阀；2—上水管；3—大包；4—示踪剂加入漏斗；5—长水口调节阀；6—长水口；7—湍流控制器；8—挡墙；9—堰坝；10—浸入型水口；11—电导探头；12—电导仪；13—计算机或记录仪

操作步骤

1. 不加任何控制器的敞开浇注的停留时间的测定

（1）按图 4-4 所示将实验设备连接好，并将检测仪表的零点调好。

（2）准备好 5000mL 左右的饱和 NaCl 溶液。

（3）打开上水阀向大包注水，注水量以满足实验要求为宜。

（4）当中间包钢水达到实验要求的高度时，调解阀门 5，使中间包内的钢水达到平衡状态。

（5）将准备好的 400mL 饱和 NaCl 溶液注入示踪剂加入漏斗内。

（6）打开示踪剂漏斗阀，同时记录仪开始记录，记下加示踪剂到指针起动时间-滞止时间 τ_m；当记录的曲线的指针回到原位，此次实验结束。

（7）重复（1）~（6）项的操作 2~3 次，求出平均停留时间 $\bar{t}_m$。

2. 加不同的挡墙（堰坝）和湍流控制器停留时间的测定

（1）按图 4-4 所示将实验设备连接好，并将检测仪表的零点调好。

（2）准备好 5000mL 左右的饱和 NaCl 溶液。

（3）打开上水阀向大包注水，注水量以满足实验要求为宜。

（4）将所要研究的挡墙（堰坝）的位置确定。

（5）当中间包钢水达到实验要求的高度时，调解阀门 5，使中间包内的钢水达到平衡状态。

（6）将准备好的 400mL 饱和 NaCl 溶液注入示踪剂加入漏斗内。

（7）打开示踪剂漏斗阀，同时记录仪开始记录，记下加示踪剂到指针起动时间-滞止时间 τ_m；当记录的曲线的指针回到原位，此次实验结束。

（8）每换一种挡墙、挡坝、或挡墙堰坝和湍流控制器配合使用，相应的重复（1）~（7）项的操作，并记录下相应的 τ_m。

（9）重复（1）~（7）项的操作 2~3 次，求出其平均值 $\bar{\tau}_m$。

数据整理与分析

1. 实际平均滞止时间 $\bar{\tau}_p$ 的计算

设共做 n 次实验，则模型平均滞止时间 $\bar{\tau}_m$ 为：

$$\bar{\tau}_m = \frac{\tau_{m1} + \tau_{m2} + \cdots + \tau_{mn}}{n} \tag{4-17}$$

由时间相似比 $\tau_m/\tau_p = \lambda^{0.5}$，即可求出 $\bar{\tau}_p$。

2. 实际平均停留时间 $\bar{t}_p$ 的计算

（1）模型平均停留时间 $\bar{t}_m$ 的计算。根据刺激-响应原理，在水模型的中间包的入口处，将定量的示踪剂（NaCl 溶液）以脉冲的方式注入钢包钢流，用探头（如电导仪）测定出口处的浓度变化（图 4-5），则实际平均停留时间的定义：

$$\bar{t}_m = \frac{\int_0^\infty tC(t)\,\mathrm{d}t}{\int_0^\infty C(t)\,\mathrm{d}t} \tag{4-18}$$

$\bar{t}_m$ 的物理意义是示踪剂浓度曲线所包含质量中心的时间坐标。

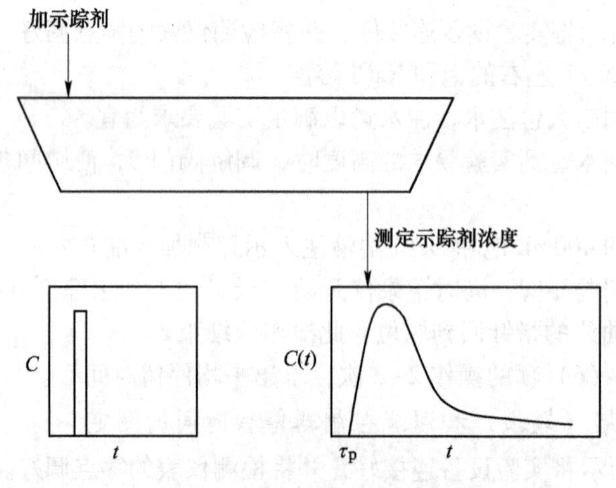

图 4-5 刺激-响应法示意图

式中 $C(t)$ 为随机变量，为便于计算，把所测定的浓度连续曲线转化为离散性曲线，按下式计算：

$$\bar{t}_m = \frac{\Delta t \sum_{i=1}^{n} iC_i(t)}{\sum_{i=1}^{n} C_i(t)} \tag{4-19}$$

式中，$C_i(t)$ 为在某一时刻 t 测定的示踪剂浓度（也可以用电压信号表示）；Δt 为时间间隔，s。

（2）实际平均停留时间 $\bar{t}_p$ 的计算。由时间相似比 $t_m/t_p = \lambda^{0.5}$，即可求出 $\bar{t}_p$。

$\bar{t}_p$ 值在一定程度上反映了实际生产过程中中间包浓度流动特性。

思考题

（1）钢水在中间包内的停留时间受哪些因素影响？

（2）在实践中，钢水在中间包的理论平均停留时间和实际停留时间差别很大。有的理论平均停留时间比实际停留时间长，有的理论平均停留时间比实际停留时间短，为什么？

（3）钢水在中间包内的停留时间的长短对铸坯质量有无影响，为什么？

（4）要改善铸坯质量，除了改善冶炼工艺外，在中间包内要采取哪些措施？

实验 4.4 冶金反应器内混合与流动的物理模拟

实验目的

冶金反应器主要包括间歇式反应器及连续式反应器两种。由于冶金过程的复杂性和研究条件的限制，靠常规实验、数学模拟等办法有时难以进行，这时物理模拟就成了不可缺少的研究手段。本实验将通过对间歇式反应器（吹气钢包）及连续式反应器（中间包）两种反应器的水模型实验，达到如下目的：

（1）掌握均混时间的实验测定方法并建立吹气钢包中物料均混时间与搅拌功率密度的定量关系；

（2）掌握测定中间包内钢液停留时间分布的水力模型研究方法，并通过优化中间包挡渣墙的设置位置，得出合理的工艺参数；

（3）了解并掌握粒子图像记录仪（PIV）的基本原理及操作方法。

实验原理

1. 吹气钢包的水模拟研究

钢水精炼是钢铁冶金工艺流程的重要环节，其主要冶金功能是去除钢水中的有害元素和非金属夹杂物以及对钢水进行成分和温度的调整。无论是哪一种冶金功能，吹气对钢水的搅拌混合都是极其重要的。

（1）模型及参数的确定。根据相似理论，如果现象满足相似第二定理，则由模型得到的规律可以推广到原型中去。然而，实际过程比较复杂，不可能完全做到满足相似第二定理，一般考虑的是主要方面的相似。这里主要考虑的是几何相似和动力相似。

几何相似考虑的主要是模型与原型主要尺寸的相似。本研究的物理模型是水模型，用普通水模拟铁水，用有机玻璃制成钢包的模型。模型与原型上相对应的尺寸参数有一定的相似比例。

对于吹气钢包体系来说，引起体系内流动的动力主要是气泡浮力而不是湍流的黏性力，因此在做到几何相似的前提下，保证模型与原型的修正弗劳德数相等，就能基本上保证它们的动力相似。根据这一原则，可由修正弗劳德数确定水模型实验中的所需吹气量。

修正弗劳德数表示如下：

$$Fr' = \frac{u_g^2}{d_0 g} \cdot \frac{1}{\dfrac{\rho_l}{\rho_g} - 1} \tag{4-20}$$

式中，Fr'为修正弗劳德数；u_g 为喷嘴出口处气流速度；d_0 为喷嘴直径；g 为重力加速度；ρ_l 为溶池液相密度；ρ_g 为喷嘴出口处气流密度。

（2）搅拌功率密度的计算。钢包内流体的混合速度显然取决于单位质量的流体单位时间内所接受的搅拌功，即搅拌功率密度，一般用 ε 表示，单位为 W/t。仅考虑浮力功和压力减小膨胀功时，搅拌功率密度的计算式为：

$$\varepsilon = \frac{0.0285QT}{W_1}\lg\left(1 + \frac{H}{10.3}\right) \tag{4-21}$$

式中，Q 为吹气流量，L/min；T 为系统温度，K；W_1 为（钢）水量，t；H 为气体出口截面至（钢）水液面距离，m。

（3）均混时间的确定。钢包内流体的混合速度用均混时间来表示。均混时间的定义是包内流体达到完全混合所需要的时间，即在包内加入一定量的示踪剂后示踪剂在包内达到完全均匀分布所需的时间。严格讲，理论上的均混时间为无穷大，故一般取测定点处示踪剂浓度达到理论均混浓度的95%所需的时间为均混时间。显然，均混时间越长，表明混合速度越慢；均混时间越短，表明混合速度越快。本实验亦利用加入示踪剂的方法来测定均混时间。钢水包吹气搅拌下的均混时间与搅拌功率密度的关系一般表示为：

$$\tau_m = a\varepsilon^b \tag{4-22}$$

式中，τ_m 为均混时间，s；ε 为搅拌功率密度，W/t；a、b 为实验（要测定的）系数。

将式（4-22）两边取对数，得

$$\lg\tau_m = \lg a + b\lg\varepsilon \quad 或 \quad \ln\tau_m = \ln a + b\ln\varepsilon \tag{4-23}$$

应用式（4-23）对实验数据进行线性回归，便可确定 a 和 b。

2. 中间包的水模拟研究

中间包是连铸过程中实现均匀钢液温度和成分、有效去除夹杂物的重要容器。中间包内液体的流动状态，对包内的钢液温度分布和夹杂物的上浮有着决定性的影响。

（1）实验模型及参数的确定。中间包的钢液流动主要受黏滞力、重力和惯性的作用，为保证原型和模型的运动相似，需要雷诺和弗劳德数同时相等。但从原则上讲，只要模型尺寸按比例缩小，其流动时雷诺数与原型处于同一自模化区，就能保证模型与原型相似，这时只考虑弗劳德数相等，就能够满足相似条件。

弗劳德准数表示如下，

$$Fr = \frac{gL}{u^2} \tag{4-24}$$

式中，Fr 为弗劳德数；u 为中间包内钢液的速度；L 为中间包特征尺寸；g 为重力加速度。

（2）平均停留时间的计算。实验时瞬间把定量的示踪剂注入进口处的物流中，在保持流量不变的条件下，测定出口物流中示踪剂浓度 C 随时间的变化（如图 4-6 所示）。则平均停留时间计算公式如下：

$$\bar{t} = \tau = \frac{\int_0^\infty t \cdot C(t)\,dt}{\int_0^\infty C(t)\,dt} \tag{4-25}$$

3. 活塞区、死区和混流区体积的计算

中间包可模拟为如图 4-7 所示的活塞流区、死区和全混流区的组合。计算公式如下：

活塞区：

$$\frac{V_p}{V} = \frac{t_{min}}{t_c} \tag{4-26}$$

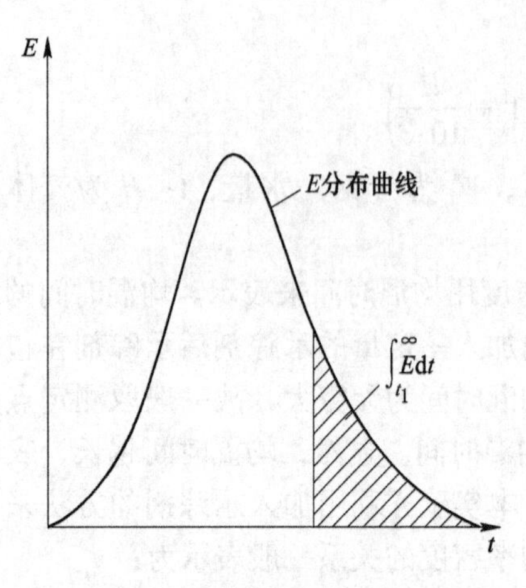

图 4-6　出口物流中示踪剂浓度 C 随时间的变化图

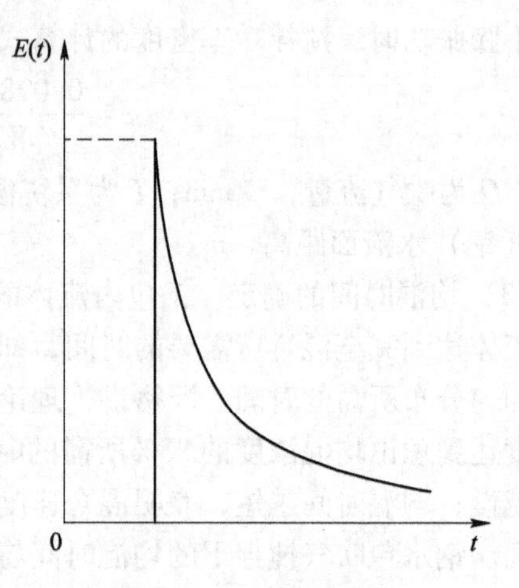

图 4-7　中间包流形图

死区：

$$\frac{V_{dead}}{V} = 1 - \frac{\bar{t}}{t_c} \tag{4-27}$$

混流区：

$$\frac{V_{mix}}{V} = 1 - \frac{V_{dead}}{V} - \frac{V_p}{V} \tag{4-28}$$

式中，V_p、V_{dead}、V_{mix}分别表示活塞区、死区和混流区的体积；V表示中间包内流体的体积；t_{min}、t_c、τ分别表示最短停留时间、理论平均停留时间和实际平均停留时间。

4. 粒子成像测速技术

粒子成像测速技术（particle image velocimetry，PIV）具有不干扰流场、动态响应快、能测量瞬时速度、适合流态范围广（定常、非定常流动，低速、高速流动，单相、多相流动等）等特点，它可同时测量二维平面上万个流动速度，实现数字化流场测量或定量流动显示。适用于各类气流、水流的平面二维流场非接触式的全场速度矢量测量，是近年来备受青睐的流场测试先进技术。

作为 PIV 技术核心的流场图像分析法目前主要采用二维快速 Fourier 变换实现互相关函数的计算，并利用速度的基本定义，通过测量水质点在已知时间间隔内的位移实现对水质点速度测量；对测量平面上的多个水质点进行跟踪、测量，就可实现流速分布的二维测量。

利用 PIV 技术测量流场时，需在流场中散播密度适当且跟随性好的示踪粒子，由示踪粒子的运动来反映水质点的运动；并用自然光或激光对所测平面进行照射，形成光照平面，使用 CCD 等摄像设备获得示踪粒子的图像。例如，在气体中添加固体细粉，液体中添加固体细粒或微细的气泡。如果我们能够跟踪粒子的位移 Δx，并记录相应的时间间隔 Δt，则流体的速度（粒子速度）为：$v = dx/dt \approx \Delta x/\Delta t$。通过对得到的 PIV 图像序列进行互相关分析，就能获得流场的二维速度矢量分布。

实验装置

1. 吹气钢包的水模拟研究

（1）实验装置。实验装置如图 4-8 所示。

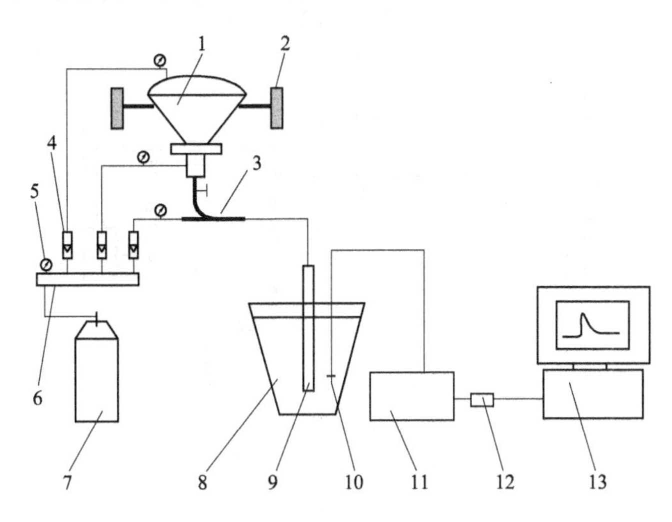

图 4-8 实验设备

1—喷吹罐；2—支撑架；3—引射器；4—转子流量计；5—气压表；6—分流总管；7—储气罐；8—钢水包模型；9—喷枪；10—电导探头；11—电导率仪；12—功率放大器；13—计算机

1）由喷粉罐、喷枪和钢包熔池组成的喷粉系统；

2）由压力表、转子流量计组成的气体流量系统；

3）由电导探头、电导率仪、功率放大器和带模/数转换卡的计算机组成的数据记录系统。

（2）实验原型参数。本实验原型参数如表 4-3 所示，水模型装置为有机玻璃质，按 1∶6 比例制作并计算。

表 4-3 钢包原型参数

	原型参数	水模型参数
包口直径/mm	3942	
包底直径/mm	3438	
包高/mm	5196	
液面深度/mm	4800±	
喷枪插入深度/mm	离包底 300~600	
喷枪平面位置	中心	
喷嘴处压力/MPa	0.3813	
气体流量/$m^3 \cdot h^{-1}$	48.36~63.48	
喷嘴直径/mm	19	
液体密度/$kg \cdot m^{-3}$	7000	1000

2. 中间包的水模拟研究

实验装置如图 4-9 所示。

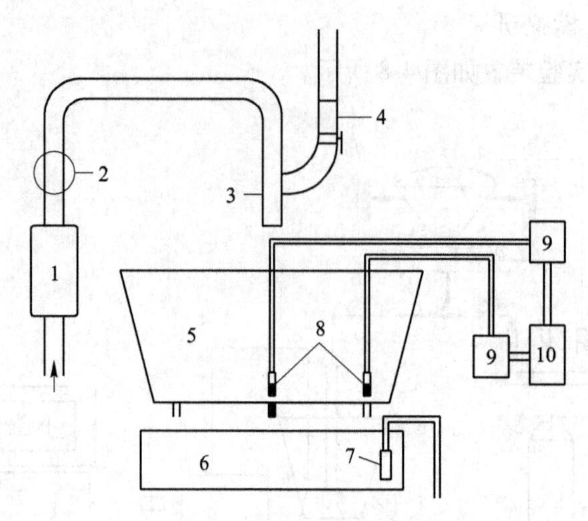

图 4-9 中间包水模型实验装置示意图

1—转子流量计；2—阀门；3—水口；4—示踪剂加入口；5—模拟中间包；6—接水槽；
7—排水设备；8—电导探头；9—电导率仪；10—记录仪

实验装置主要包括：

（1）由中间包、挡墙及挡坝组成的熔池系统；

（2）由阀门、水口、转子流量计组成的流量系统；

（3）由电导探头、电导率仪、功率放大器和带模/数转换卡的计算机组成的数据记录系统。

3. 粒子成像测速技术（PIV）

PIV 系统实验装置如图 4-10 所示，主要包括以下几个部分：

（1）激光发生器；

（2）高速照相机；

（3）同步信号控制器；

（4）需要测定的流场。

主要技术指标：

测量范围：0.1mm/s~400m/s；

测量精度：1%；

激光功率：150mJ/pulse；

CCD 采集频率：0~30Hz；

CCD 图像分辨率：2M pix。

实验步骤

1. 吹气钢包的水模拟研究

（1）流动图像显示。

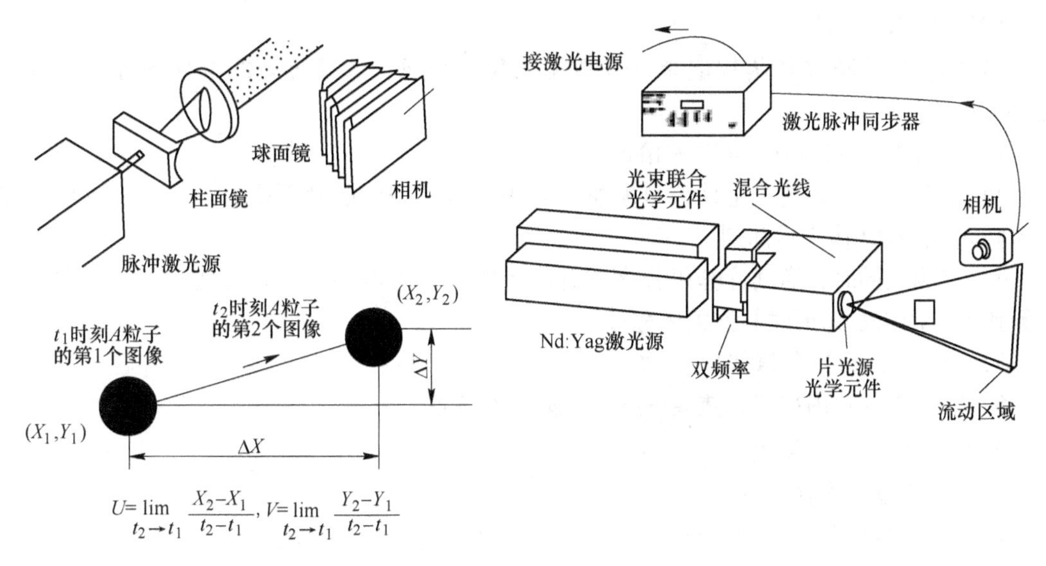

图 4-10 PIV 系统实验装置图

1）按计算得到的深度（H）向模型内注水，选定好计算得到的喷枪位置，安好枪。

2）按计算出的气体的流量供气。

3）开始供气 1min 以后，在钢包液面 1/2 半径处倒入 10mL 左右有色墨水（或放入带色不溶固体示踪颗粒，相对密度≈1.0）。

4）立即观察并描绘带色示踪体的流动迹线。

5）重复 2~3 次，至获得一个简单的二维循环流动，标出涡心的大致位置。

（2）均混时间测定。

1）准备电导率仪及函数记录仪或数据采集计算机，选择合理的电导率探头安放位置（液面以下 0.4m，距包壁 50~100mm），选定喷枪位置，安好枪。

2）准备 1000mL 饱和 NaCl 水溶液。

3）倒入示踪剂溶液（倾到半径 1/2 处，喷枪和电导探头之间）约 10mL。

4）倒入示踪剂溶液同时，启动计算机，直至电导率读数达到稳定。

5）读出以电导率增加值为 100%，波动值±5%的点的最早出现时刻，找出 τ_m 之值。

6）重复 3）~5）项操作 3~4 次，并求出平均 τ_m 之值。

7）根据计算出的气量为基准，选择至少 5 个水平，分别通气搅拌重复 3）~6）项操作。

2. 中间包的水模拟研究

（1）流动图像显示。

1）按给定深度（H）向模型（有挡墙）内注水（由指导教师确定）。

2）开启水泵，通过流量计调节流量（由指导教师确定）。

3）开始供水 1min 以后，在进入中间包水口处加入 30mL 左右有色墨水（或放入带色不溶固体示踪颗粒，相对密度≈1.0）。

4）立即观察并描绘带色示踪体的流动迹线。

5）重复 2~3 次，绘出一个简单的流场。

（2）停留时间测定。

1）准备电导率仪及函数记录仪或数据采集计算机，选择合理的电导率探头安放位置（如图4-9所示）。

2）准备1000mL饱和NaCl水溶液。

3）开启水泵，通过流量计调节流量。当中间包模型内的液面稳定之后，从入流口加入300mL的NaCl作为示踪剂。

4）与倒入同时，启动计算机程序并开始计时，读出电导率开始变化时间，至电导率读数接近未倒入示踪剂时的值关闭程序。

5）重复3）、4）项操作3~4次。

6）撤去中间包内挡墙，重复3）~5）操作3~4次。

3. 利用粒子成像测速技术测定中间包流场

（1）PIV设备检查。

1）确保高速照相机、电脑和同步控制器等数据线和电路联结正确；

2）确保激光发生器冷却水充足，要保证充满2/3以上；

3）确保高速照相机镜头盖盖住，防止激光误入镜头，对其造成损害。

（2）开启水泵，通过流量计调节流量。当中间包模型内的液面稳定之后启动激光器、电脑和同步控制器。

（3）建立新的数据库文件，对硬件设备进行设置。

（4）调节相机焦距和激光照射角度和高度，确保清晰的照片。

（5）加入适量示踪剂粒子，启动激光器和电脑，对流场进行测定。

要求及注意事项

（1）实验前认真阅读实验指导书。根据相似原理及钢包原型参数计算出模型钢包参数，并填入表4-3中。

（2）根据中间包实验结果，计算出实际平均停留时间，活塞区、死区和混流区的体积。

（3）实验后根据实验和数据处理结果，并结合思考题写出实验报告。

思考题

（1）理想反应器有哪几种？分别描述之。

（2）影响均混时间和停留时间的因素有哪些？

（3）如何利用相似理论来确定模拟吹气钢包和模拟中间包的参数？

（4）在中间包水模实验中，示踪剂的加入有哪两种方式？

（5）分析中间包有无挡墙时的数据，说明挡墙的作用。

（6）流场的确定主要手段有哪两大类？分别是什么？粒子成像测速技术（PIV）的优点是什么？

实验 4.5 冶金过程数值模拟

实验目的

在冶金过程动力学中所研究的化学反应速度、反应器内流体的流动与传质等现象，原则上都能用数学方法正确描述，这样得到的数学方程称为数学模型。由于计算机的日益广泛应用，既对冶金过程的数学模拟提出了要求，又对数学方程的求解提供了有力手段，因此冶金过程数值模拟得到了广泛的发展。数值模拟不仅可以和其他模拟方法联合使用、彼此验证，还可以在其他方法模拟费用较高或模拟难度较大时单独用于定性分析物理问题。

冶金过程多是在高温状态下完成，很难对冶金过程进行直接的观察与测试，因此通常采用模拟实验的方法对冶金传输过程加以研究，随着计算机技术的不断发展，数值模拟法也应用得越来越普遍。目前的一些 CFD 商用软件为数值模拟提供了方便手段。使用者可以不必深究控制方程，只需搞清楚自己的物理问题，选择流体模型、设置边界条件、分析计算结果是否正确等。本实验通过使用计算机进行冶金设备——中间包中钢液稳态流动时流场和温度场的数值模拟，通过本实验能够认识到数值模拟是中间包冶金研究中的一个重要的研究方法。

实验原理及设备

由传输原理课程的学习可以看出，导热微分方程的分析解法过程严格，解的结果是一个温度分布 $t(x, y, z, \tau)$ 的函数关系式。它清楚地表示了各个变量对温度分布的影响。利用分析解可以求得任一时刻物体内任一点的温度，即可求得一连续温度场。但是分析解法求解过程复杂，只能用于一些简单的问题。对于几何条件不规则、热物性参数随温度等因素变化的物体，以及辐射换热边界条件等问题，应用分析解法几乎是不可能的。

在这种情况下，建立在有限差分和有限元基础上的数值解法对于求解流体力学问题十分有效，随着计算机的普及，这种方法得到了越来越广泛的应用。在本实验中将使用基于有限元的有限体积法进行流场和温度场的数值求解。

CFX 作为商业软件，已经为用户提供了模拟计算平台，即 CFX 是用 Fortran 编写的现成的程序，用户的任务就是将 CFX 作为工具来解决自己所要研究的具体问题。具体来说，通过前处理软件建立问题的几何模型并进行网格划分，然后预处理模块选择物理模型并设置边界条件和初始条件，再通过求解模块对所研究的问题进行求解，最后通过后处理模块对所得计算结果进行可视化的图形显示。

在本实验中，CFX 所用的理论基础为：利用质量守恒方程、动量守恒方程、能量守恒方程和 k-ε 方程求得流体空间的速度场；利用所得的速度场和能量守恒方程求得流体空间的温度场；在计算迭代过程中，将二者耦合起来计算，最终得到流体的速度和温度分布。

（1）质量守恒方程：

$$\frac{\partial \rho}{\partial t} + \frac{\partial(\rho v_j)}{\partial x_j} = 0 \tag{4-29}$$

（2）动量守恒方程：

$$\rho\left(\frac{\partial v_i}{\partial t}+v_j\frac{\partial v_i}{\partial x_j}\right)=-\frac{\partial P}{\partial x_i}+\mu_e\left(\frac{\partial^2 v_i}{\partial x_j \partial x_j}\right)+\rho g_i \tag{4-30}$$

（3）能量守恒方程：

$$\rho C_P\left(\frac{\partial T}{\partial t}+v_i\frac{\partial T}{\partial x_i}\right)=T\beta\frac{\partial P}{\partial t}+\frac{\partial}{\partial x_i}\left(\lambda\frac{\partial T}{\partial x_i}\right)+\mu\Phi+q \tag{4-31}$$

（4）k-ε 方程：

湍动能方程：

$$\rho\left(\frac{\partial K}{\partial t}+v_i\frac{\partial K}{\partial x_i}\right)=\frac{\partial}{\partial x_i}\left(\frac{\mu_e}{\sigma_k}\frac{\partial K}{\partial x_i}\right)+G-\rho\varepsilon \tag{4-32}$$

湍动能耗散方程：

$$\rho\left(\frac{\partial \varepsilon}{\partial t}+v_j\frac{\partial \varepsilon}{\partial x_j}\right)=\frac{\partial}{\partial x_j}\left(\frac{\mu_e}{\sigma_\varepsilon}\frac{\partial \varepsilon}{\partial x_j}\right)+\frac{\varepsilon}{K}(C_{\varepsilon 1}G-C_{\varepsilon 2}\rho\varepsilon) \tag{4-33}$$

其中
$$G=\mu_t\frac{\partial \mu_j}{\partial x_i}\left(\frac{\partial \mu_i}{\partial x_j}+\frac{\partial \mu_j}{\partial x_i}\right)$$

方程中采用冯·卡门系数：$C_{\varepsilon 1}=1.43$，$C_{\varepsilon 2}=1.93$，$\sigma_\varepsilon=1$，$\sigma_k=1.3$。
式中，v_i，v_j 为流体的流动速度，m/s；ρ 为流体的密度，kg/m^3；P 为压力，Pa；T 为流体的温度，K；β 为体积膨胀系数；K 为湍流动能，W；ε 为湍流动能耗散率，W/s。

装有 ANSYS ICEM CFD 和 ANSYS CFX 的商业软件的计算机，ANSYS ICEM CFD 用来建立流体流动的几何模型并划分网格，ANSYS CFX 用来进行 CFD 计算。

实验内容及步骤

本实验的模拟内容为：不同内部结构中间包内流场的数值模拟。

中间包外形及内部结构如图 4-11 所示，内部结构简化后如图 4-12 所示，中间包液面高度为 1m，挡墙尺寸见表 4-4。

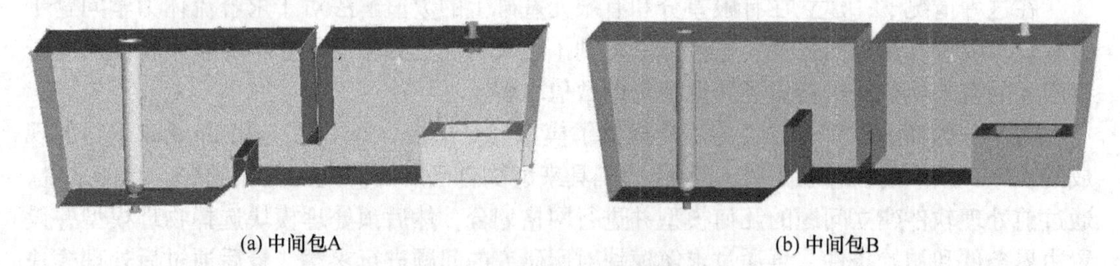

(a) 中间包A　　(b) 中间包B

图 4-11　中间包外形及内部结构示意图

表 4-4　中间包挡墙尺寸　（mm）

中间包	墙距离	墙高	坝高	相对距离
A	300	120	80	180
B	300	40	160	180

钢液所用参数为：摩尔质量 = 55.85kg/mol；密度 ρ = 7010kg/m^3；比热容 =

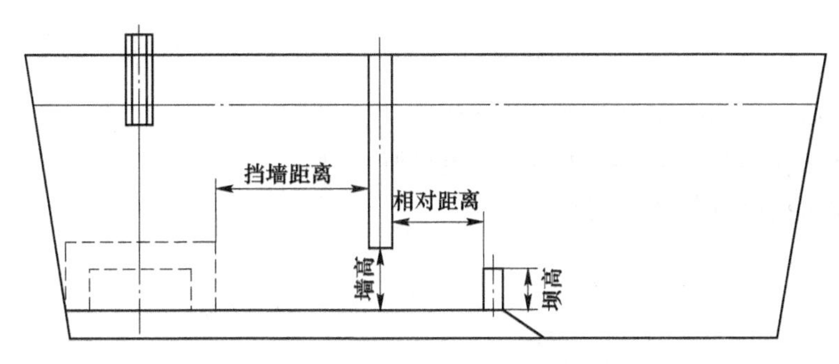

图 4-12　中间包内部结构简图

787W/(kg·K)；参考温度=1550℃；黏度μ=0.005kg/(m·s)；传热系数λ=41W/(m·K)；

实验步骤如下：

(1) 建立流体流动的空间域-几何模型。启动 ANSYS ICEM CFD 软件建立中间包几何模型，点击 geometry 标签页，首先根据坐标建立点，再由点生成线，由线生成面，几何模型由所有面包围而成；标记各个边界面，并建立立体；保存文件。

(2) 划分网格，并输出网格文件。有两种网格形式，一种是六面体（Hextra）网格，一种是四面体（Textra）网格，本实验使用六面体（Textra）网格。点击 mesh 标签页，设置总体最大网格尺寸 50mm，最小网格尺寸 2mm；预览网格；检查网格质量，如果有的网格质量在 0.25 以下，则进行网格光顺；点击 output 标签页，选择求解器 ANSYS CFX，输出网格文件 *.cfx5。

(3) 启动 CFD 软件 ANSYSCFX。

1) 软件前处理（Cfx-pre）：启动组件 Cfx-Pre，新建模拟文件，调入网格文件；新建物料钢液，输入物性参数；建立流体域，选择流体和物理模型，即传热模型和 κ-ε 湍流模型；建立边界条件：入口边界（inlet）速度和温度、出口边界（outlet）压力、对称面（symetry）、壁面边界（wall）热流；选择差分格式、输入时间步长和收敛标准；输出定义文件 *.def。

2) 求解（Cfx-Solver）：启动组件 Cfx-Solver，调出定义文件，点击 Start Run 按钮开始求解计算。并可通过求解器监视求解的全过程，了解每个变量的收敛情况。计算时间与网格的多少有关，网格越多求解时间就越长，这也是只建立一半几何体的原因；收敛后将结果保存在 *.res 文件中。

3) 后处理（Cfx-Post）：启动组件 Cfx-Post，调出结果文件 *.res，观察不同剖面上流体计算结果的图形显示，用速度场、流线等分析比较哪种中间包控流装置更有利于钢中夹杂物上浮，并保存图形。

(4) 退出 CFX 软件，关闭计算机。

实验报告

简述实验原理及实验步骤，根据本次实验的模拟结果，并结合水模型实验，分析哪种中间包控流装置更有利于钢中夹杂物上浮，并写出完整的实验报告。

思考题

（1）在连铸生产中中间包主要有什么作用？
（2）为什么在实验中要保持进出水的流量要一致？
（3）中间包挡墙有什么作用？

5　专业综合技能实验

实验 5.1　金相显微试样的制备

实验目的

（1）了解金相试样的制备过程；
（2）掌握钢铁金相试样的制备过程及方法。

金相显微试样制备过程

金相显微试样的制备可分为以下五个过程：

（1）取样。显微试样的选取应根据研究的目的，取其具有代表性的部位。例如在检验和分析失效零件的损坏原因时，除了在损坏部位取样外，还需要在距破坏处较远的部位截取试样以便比较；在研究金属铸件组织时，由于存在偏析现象，必须从表面层到中心同时取样进行观察；对于轧制和锻造材料则应同时截取横向（垂直于轧制方向）及纵向（平行于轧制方向）的金相试样，以便于分析比较表层缺陷及非金属夹杂物的分布情况；对于一般热处理后的零件，由于金相组织比较均匀，试样的截取可在任一截面进行。

确定好部位后就可把试样截下，试样的尺寸通常采用直径 ϕ12～15mm，高 12～15mm 的圆柱体或边长 12～15mm 的方形试样。

试样的截取方法视材料的性质不同而异，软的金属可用手锯或锯床切割，硬而脆的材料（如白口铸铁）则可用锤击打下，对极硬的材料（如淬火钢）则可用砂轮片切割或电脉冲加工。不论采用哪种方法，在切取过程中均不宜使试样的温度过于升高，以免引起金属组织的变化，影响分析结果。

（2）镶嵌。当试样的尺寸太小（如金属丝、薄片等）时，直接用手来磨制抓持很困难，需要使用试样夹或利用试样镶嵌机，把试样镶嵌在低熔点合金或塑料（如胶木粉、电木粉、牙托粉等）中。

（3）磨制。试样的磨制一般分粗磨和细磨两道工序。粗磨的目的是为了在试样上获得一个平整的表面。钢铁材料试样的粗磨通常在砂轮机上进行，但在磨制时应注意：试样对砂轮的压力不宜过大，否则会在试样的表面形成很深的磨痕，增加精磨和抛光的困难；要随时用水冷却试样，以免受热引起组织变化；试样的边缘的棱角若无特殊要求，可磨圆以免在细磨和抛光时撕破砂纸或抛光布，甚至造成试样从抛光机上飞出伤人。将粗磨后的试样用水冲洗并擦干后就开始进行细磨。细磨的目的是为了将粗磨后试样表面的磨痕消除，以得到平整而光滑的磨面。细磨是在一套粗细不同的专用金相砂纸上，由粗到细依次顺序进行的。将金相砂纸放在厚玻璃板上，手指紧握试样，磨面紧贴砂纸向前推进，回程时提起试样，直到试样磨面出现方向一致的均匀条纹，然后用水清洗并擦干，更换下一号砂纸，并将试样旋转90°，使磨制方向与上一次的磨痕垂直，直到把上一号砂纸所产生的磨痕全部消除为止。

（4）抛光。细磨后的试样还需要进一步抛光，抛光的目的是为了去除细磨时留下的细微磨痕而获得光亮的镜面。金相试样的抛光方法有机械抛光、电解抛光和化学抛光三种。

机械抛光是在专门的机械抛光机上进行的。抛光机是由电动机带动一抛光圆盘以300~500r/min的速度旋转，抛光盘上覆有抛光布（以细帆布、呢绒等材料制成），抛光时在抛光盘上不断滴注抛光液。抛光液通常采用Al_2O_3、MgO或Cr_2O_3等粉末（粒度约为0.3~1μm）在水中的悬浮液。操作时将试样磨面均匀地压在旋转的抛光盘上，并沿盘的边缘到中心不断作径向往复运动。抛光时间一般为3~5min。抛光结束后，试样表面应看不出任何磨痕而呈现光亮的镜面。

电解抛光是利用阳极腐蚀法使试样表面变得平滑光亮的一种方法。将试样浸入电解液中作为阳极，用铝片或不锈钢片作为阴极，使试样与阴极之间保持一定的距离（20~30mm），接通直流电源。当电流密度足够时，试样表面由于电化学作用而发生选择性溶解，从而获得光滑平整的表面。这种方法速度快，只产生纯化学的溶解作用而无机械力的影响，因此可避免在机械抛光时可能引起的表面金属层的塑性变形，从而能更确切地显示真实的金相组织。但电解抛光工艺规程不易控制。

化学抛光的实质与电解抛光类似，只是没有外加电流。化学抛光是将专门配制的化学溶液涂在试样表面，依靠化学腐蚀作用发生选择性溶解，从而得到光滑平整的表面。

（5）侵蚀。经抛光后的试样若直接在金相显微镜下观察，只能看到一片亮光，除某些非金属夹杂物（MnS及石墨等）外，无法辨别出各种组成物及其形态特征。必须使用侵蚀剂对试样表面进行侵蚀，才能清楚地显示出显微组织的真实情况。钢铁材料最常用的侵蚀剂为3%~4%的硝酸酒精溶液或4%苦味酸酒精溶液。其他材料可查有关侵蚀剂手册。

最常用的金相组织显示方法是化学侵蚀法。其主要原理是利用侵蚀剂对试样表面的化学溶解作用或电化学作用来显示组织。

对于纯金属或单相合金来说，侵蚀是一个纯化学溶解过程。由于晶界上原子排列混乱且具有较高能量，故晶界侵蚀速度较快，容易被侵蚀出现凹沟，同时由于每个晶粒的原子排列位向不同，表面溶解的速度也不一样，因此被侵蚀后会出现轻微的凹凸不平，在垂直光线的照射下将显示出明暗不同的晶粒。

对于两相以上的合金而言，侵蚀是一个电化学腐蚀过程。由于各种组成相具有不同的电极电位，因而在侵蚀剂中会形成微电池，电极电位较低的相作为阴极被侵蚀而形成凹坑，电极电位较高的相作为阳极未被侵蚀而保持原表面。当光线照射到凸凹不平的试样表面时，由于各处对光线的反射程度不同，在显微镜下就能看到各种不同的组织和组成相。

侵蚀方法是将试样的磨面浸入侵蚀剂中，或用棉签沾上侵蚀剂擦洗试样表面。侵蚀时间要适当，一般试样磨面发暗时就可停止。如果侵蚀不足可重复侵蚀。侵蚀完毕立即用清水冲洗，接着用无水酒精冲洗，最后用吹风机吹干。

对于一些组织细微复杂的材料，必要时还可利用一些有机化合物将不同组织着上不同的色彩以便于区分，具体可查看相关彩色金相侵蚀剂手册。

实验设备及材料

（1）准备 ϕ12~15mm，高 12~15mm 的圆柱体或边长 12~15mm 的方形低碳钢试样若干，预先用砂轮将表面磨平。

（2）粗砂纸和金相砂纸每人一套，毛巾、吹风机和水盆共用。

（3）机械抛光机，金相显微镜。

（4）预先配置好侵蚀剂，并准备好若干棉签用于侵蚀。

实验内容及要求

学生按照金相试样的制备流程每人制作一碳钢试样，要求在显微镜下能清楚分辨显微组织，且没有明显可见的磨痕。

思考题

金相试样的制备方法有哪些？

实验 5.2 X 射线衍射分析实验

实验目的

（1）了解和掌握 X 射线衍射的原理和实验方法。
（2）基本了解物相鉴定方法。

实验原理及设备

1. 实验原理

利用 X 射线在晶体中产生的衍射现象来研究晶体结构中的各类问题，实质上是研究大量的原子散射波互相干涉的结果。而每种晶体中所产生的花样都反映出晶体内部的原子分布规律。一个衍射花样的特征，可以认为由两部分组成，一方面是衍射在空间的分布规律，另一方面是衍射线束的强度。衍射线的分布规律是由晶胞的大小、形状和位向决定的，而衍射线的强度则取决于原子的品种和它们在晶胞中的位置。通过衍射现象来分析晶体结构并建立起定性和定量的关系，是 X 射线衍射理论所要解决的中心问题。因为在一定波长的 X 射线照射下，每种物质都给出了自己特有的衍射花样（衍射花样位置及强度），每种晶体物质和它的衍射花样都有一一对应的关系，不可能出现两种晶体物质有完全相同的衍射花样的情况。如果在试样中存在两种以上不同结构的物质时，每种物质所特有的衍射花样不变，多相试样的衍射花样只是由它所含物质的衍射花样机械叠加而成。

2. 实验设备

（1）高温 X 射线衍射仪简介：本仪器是日本玛珂科学仪器公司（MACSeienceCo.，Ltd.）M21X 超大功率 X 射线衍射仪，最大功率 21kW，额定管电压 20～60kV，最大额定电流 500mA，它有两个立式广角测角仪，测角仪半径 185mm，2θ 测角范围 0～130°，右侧测定室温样品，左侧用于高温附件，有一个自动旋转阳极（SAR），振动小于 0.2μm，自动可调节缝隙装置；稳定度小于 0.005%；高温附件（最高温度 1500℃），在真空、空气、惰性气氛中使用，循环水冷却，计算机控制系统，数据采集和数据解析软件，PDF2 数据库等。

（2）自动旋转阳极（SAR）是 X 射线发生器的心脏，也是发生 X 射线的装置，它的基本工作原理是：高速运动的电子与物体碰撞时，发生能量转换，电子的运动受阻失去动能，其中一小部分能量转变为 X 射线，而绝大部分能量转变成热能使物体温度升高。阴极（灯丝）：一般绕成螺旋形，使用时加热灯丝以发射电子。阳极（靶）：阳极是 X 射线管中高速电子流撞击目标，通常称为靶。本仪器的靶为铜靶，工作时进行旋转。

实验步骤

1. 实验前的准备工作

（1）合上 X 射线总闸门，连接电流保护装置，接通电源。
（2）启动水循环系统，通冷却水。

（3）抽真空至 2.66644×10^{-4}Pa 以后方可开动转靶。

（4）打开计算机。

（5）打开控制柜开关。

（6）启动 XG，调出 XG Control，对电流、电压进行设置。

以上步骤完成后可进行样品的检测。

2. 室温样品的检测

（1）首先把粉末状样品装在样品架里（如图 5-1 所示），用玻璃片把样品压平，然后把样品盖打开，把样品架放在右侧样品室中待测，再把盖子盖上。

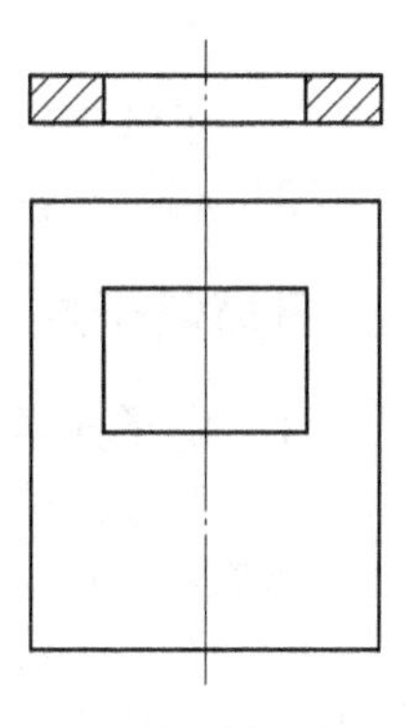

图 5-1　样品架

（2）对 A（室温）进行测量参数的设置：设置电压一般为 35kV、电流一般为 300mA，以及扫描角度 10°～90°、扫描速度 8°/min 等参数。

（3）按 measure，输入文件名、参数、选择号，然后分别按 apply、run、start，样品开始扫描。数分钟后扫描结束。

（4）把扫描出的图通过打印机打印出来。

3. 高温样品检测

（1）样品装入高温室后，要通入保护气氛进行保护（如空气、氮气或氩气）。

（2）把铅玻璃挡在高温室前面，以防 X 射线伤人。

（3）对 B（高温室）进行参数的设置：

1）对设备参数进行编辑：按 info、seting up 、附件，对 PID 进行设置；

2）对温度参数进行编辑：设置扫描角度 8°/min、电压 35kV、电流 300mA、温度参数根据需要设定；

3）对测量参数进行编辑：按 measure 、clear、设置温度、文件名、选择号等；

4）分别按 apply、run、start。

以上设置完成后仪器按设定的温度开始升温，然后按设定的扫描速度进行扫描。扫描结束后，仪器自动降温，降至室温后实验结束。

4. 关机步骤

（1）关气；

（2）关 XG 旋转阳极，待电压降至 20kV、电流 10mA，上边顶灯停后方可关机；

（3）关计算机、控制柜等，关水。

实验报告

了解 X 射线衍射全过程，扫描出样品衍射花样图，拷贝出数据，用计算机打印出结果。有可能的情况下，计算出 d 值，进行定性分析。

思考题

（1）为什么一种物质只能有唯一的衍射花样？

（2）如何在 SiO_2、ZrO_2混合样品中鉴别第三种未知物？

（3）根据所学知识简述高温 X 射线衍射仪在冶金和材料领域中的用途。

实验 5.3 扫描电子显微镜物相分析

实验目的

（1）了解扫描电子显微镜及能谱仪进行物相工作的原理。
（2）利用扫描电镜进行钢中物相分析。

扫描电子显微镜构造和工作原理

（1）电子光学系统。电子光学系统包括电子枪、电磁透镜、扫描线圈和样品室。

（2）信号的收集和图像显示系统。二次电子、背散射电子和投射电子的信号都可采用闪烁计数器来进行检测。信号电子进入闪烁体后即引起电离，当离子和自由电子复合后就产生可见光。可见光信号通过光导管送入光电倍增器，光信号放大，即又转化成电流信号输出，电流信号经视频放大器放大后就成为调制信号。由于镜筒中的电子束和显像管中电子束是同步扫描的，而荧光屏上每个点的亮度是根据样品上被激发出来的信号强度来调制的，因样品上各点的状态各不相同，所以接收到的信号也不相同，于是就可以在显像管上看到一幅反映试样各点状态的扫描电子显微图像。

本实验所有设备：扫描电子显微镜 JSM-6480LV（日本电子）、能谱仪 NoranOsix（美国热电）。

实验内容

（1）在扫描电子显微镜下进行二次电子和有散射图像的观察；
（2）利用能谱仪结合扫描电子显微镜对钢及矿中各类物相进行分析及测定。

实验步骤

（1）将磨制好的金相样品放入扫描电镜样品室；
（2）电镜进行抽真空，使样品室压强达到 1.33322×10^{-2}Pa；
（3）达到真空后，加入电镜高压，电镜图像出现；
（4）寻找样品中夹杂物，判定其形状和大小；
（5）找到夹杂物后，利用能谱仪判定其为哪种类型的夹杂物或为空洞及外来物。

实验报告和要求

（1）简要说明扫描电镜及能谱仪的工作原理；
（2）简述钢中夹杂物分析全过程；
（3）通过实验结果总结出扫描电子显微镜及能谱仪在材料分析中及钢中物相测定时的作用和体会。

思考题

扫描电镜的分辨率受哪些因素影响？用不同的信号成像时，其分辨率有何不同？所谓扫描电镜的分辨率是指用何种信号成像时的分辨率？

实验 5.4 差热分析仪测定碳酸盐分解温度

实验目的

（1）通过实验，初步掌握热重、差热联用分析仪的原理及其应用。

（2）用热重、差热分析法测定碳酸盐在加热过程中，失重和分解过程的热变化。

热分析技术概述

热分析是在程序控温下测量物质的物理性质与温度关系的一类技术。只要物质受热发生物理或化学变化，就可用差示扫描量热法（DSC）或差热分析（DTA）来研究，伴随有质量变化就可用热重（TG）来研究。每种热分析技术只能了解物质性质及其变化的某些方面，联用多种热分析技术是一种新的方法，能够获得有关物质的性质及其变化的更多的知识，还可以互相补充和互相印证。

采用同步联用技术可在一次实验后，同时得到样品的两种信息，即重量变化及热数据，提高了实验效率。但这种设计必须考虑到失重测量和热效应测量两个方面，使其相互干扰减至最少，尤其须保证热失重测量的准确度。瑞士 Mettler 公司的热失重/差热同步分析仪 TDA/SDTA/DSC851e（图 5-2），它不仅是当今世界上很先进的热分析系统，且具有强大的软件功能。

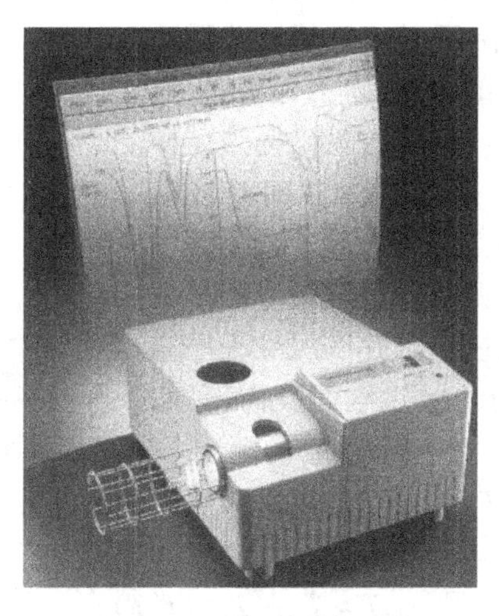

图 5-2 STARe 热分析系统

实验原理

热重（TG）是在程序控制温度下测量物质的质量随温度变化的一种热分析技术，它是用热天平来实现的，热重法得到的曲线称热重曲线（TG 曲线）。典型热重曲线如图 5-3 所示。从热重曲线可得到试样组成、热稳定性、热分解温度、热分解产物和热分解动力学等有关数据。失重百分数为：

$$\frac{W_0 - W_i}{W_0} \times 100\% \tag{5-1}$$

式中，W_0为试样初始重量；W_i为 i 时刻试样的重量。

将热失重对时间求导可获得试样质量随时间的变化率（dw/dt），即商微热重曲线（DTG），如图 5-3 所示，它是温度或时间的函数：

$$dw/dt = f(T\ 或\ t) \tag{5-2}$$

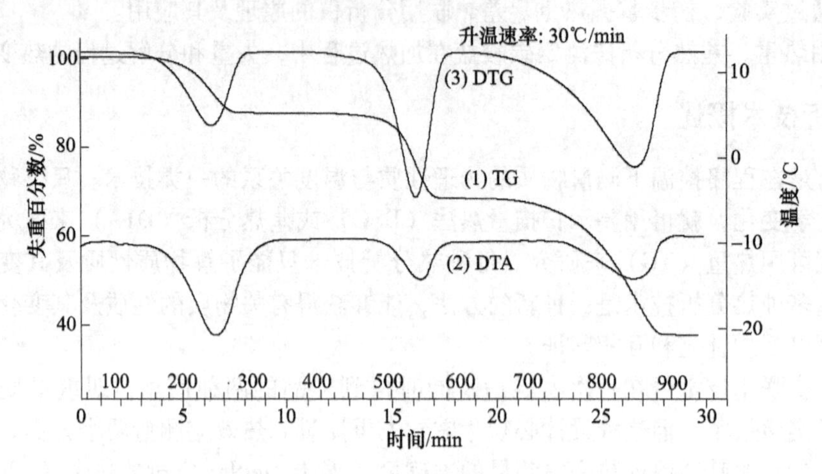

图 5-3　TG-DTG-DTA 联合分析图例

差热分析（DTA）是在程序控制温度下测量物质和参比物之间的温度差与温度（或时间）关系的一种技术，描述这种关系的曲线称为差热曲线（DTA 曲线），如图 5-3 所示。曲线的纵坐标为试样与参比物的温度差（ΔT），横坐标为时间（或温度），DTA 曲线上的峰，向上为放热反应，向下表示吸热反应。图 5-4 为差热分析原理示意图，若将试样和参比物放入一个加热系统中，并以线性程序温度对其加热，两支材质相同的差热电偶反向串联，因而产生的热电势极性相反，图中参比物的温度 T_R 与程序温度一致，试样温度 T_S 则随热焓不同吸热和放热的发生而偏离程序温度，产生温差电势，即：

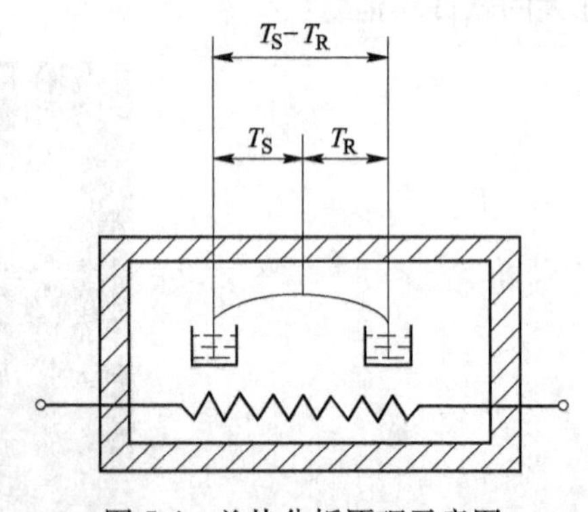

图 5-4　差热分析原理示意图

$$\Delta T = T_S - T_R = f(T) \tag{5-3}$$

如果试样在加热或冷却过程中没有任何相变发生，则 ΔT= 常数，即参比物与试样温度之差不变，在 ΔT 曲线上则为一条水平基线。

实验设备

本实验使用瑞士 Mettler 公司的热失重/差热同步分析仪 TDA/SDTA851e（图 5-2），同步差热信号的灵敏度提高到 0.005℃，噪声减少到 0.01℃，信号时间常数达到 15s。

Mettler 公司的 TDA/SDTA851e 采用独特的单坩埚技术，只用一个样品坩埚，而且将传感器直接置于样品托盘下测量样品温度。参比温度则取测试炉温度，由炉温与时间滞后函数校准精确得到，实现这一功能的是 FlexCal 软件，经 FlexCal 校准后，仪器对升温速率、坩埚、载气等改变所引起的时间滞后得以修正。该设备所获 DTA 曲线称 SDTA 曲线。

TDA/SDTA851e 测试炉内壁为陶瓷，温度范围为室温至 1100℃，或室温至 1600℃。除保护性气体外，还有专门的反应性气体管路和真空管路，反应性气体可用 O_2、N_2、SO_2 等，真空度可达 8mmHg（1.067×10^3Pa）以下。

实验步骤

1. 启动计算机程序

（1）启动计算机，进入 Star 工作组。

（2）双击桌面上 STARe 图标打开软件。

（3）STAR^{e}软件主菜单出现。

（4）单击主菜单中的 Function（功能）。激活常规操作窗口 TDA/SDTA851^e。

（5）恒温槽：打开电源开关，设定工作温度为（22.0±0.1）℃。

（6）通入保护性气体，设定流量为 20mL/min 左右。保护性气体可用氮气、空气等。

（7）打开差热/热重分析仪电源开关。

（8）如果使用反应性气体，建议流量为 80mL/min。

2. 建立实验方法

（1）单击绿色标志的 Routine（常规操作）的还原视窗。在红色编辑器中单击 MethodNew 按钮，编制控温方案，输入数值后选 OK 确认。

（2）检查所输入的时间和温度参数。

（3）单击 Seve under（存储为）。

（4）单击输入栏，输入方法名，按 OK 确认，方法被贮存。

3. 开始实验

（1）准备好样品及坩埚，如有必要用压机密封坩埚。

（2）打开测试炉，放入坩埚，测出坩埚重量后，清零。

（3）输入样品名称（有必要时输入样品重量）。

（4）启动控温程序开始升温。

4. 放入样品

等候到达 Insert Temperature（放入样品温度）。到达后，视窗中会提示放入样品。TGA：按仪器盘上的 Furnace（测试炉）键，测试炉自动开启。称重后再按 Furnace 键测试炉关闭。按 OK 确认后，实验自动执行。

在仪器控制视窗中，实验曲线在线显示。实验终止仪器恢复到测试前状态，已完成的测试曲线被自动贮存到数据库中。

实验完成后，按视窗指示取出样品后点击 OK 键确认，可进行下一个实验。

5. 处理数据

（1）打开数据处理视窗。

（2）打开测试曲线。

（3）设定热效应。

（4）应用数据处理。

（5）计算结果项显示选择。

（6）贮存处理结果。

（7）打印图谱。

6. 退出 STARe 软件

（1）单击主菜单中的 System/Exit（系统/退出）。

（2）单击 Yes 按钮，STARe 软件应用关闭。

（3）关闭数据处理视窗 STARe 应用被终止。

7. 关闭系统

（1）单击 Star 菜单中的 Close，选择 Shut down your computer 并单击 OK 确认，Windows NT 关闭。

（2）关闭计算机。

（3）关闭所有冷却设备。

（4）关闭压缩气体。

（5）关闭所有其他设备。必须待炉温低于 300℃后才能关闭恒温浴槽。

（6）在关闭测试仪器前应取出最后一次样品。关掉电源开关。

实验报告

（1）简述实验的基本原理；

（2）记明实验条件；

（3）在 TG 和 DTA 曲线上确定分解起始温度，简述碳酸盐的分解情况。

思考题

DSC、DTA、TG 之间有什么区别和联系？

实验 5.5 熔渣黏度的测定

目的要求

黏度是高温熔体重要的物理化学性质之一，它与高温熔体化学性质有关，在一定温度下熔体流动性的好坏，一般用黏度大小来衡量。冶金过程中，熔体参加冶金反应，其中熔体黏度是重要的影响因素之一，冶金熔体是多相反应，物质扩散是反应过程的控制环节，液相中的传质速率与熔体黏度成反比，因此黏度影响反应速率，熔体黏度是内部质点相互作用的结果，即熔体黏度变化是其微观结构变化的宏观反映，对其研究有助于揭示熔体微观结构变化的内在规律。熔体黏度的测定和研究，无论对理论研究或冶金生产的实践，都具有重要的意义。熔体黏度有时会成为冶金生产能否顺利进行的关键，如用于连续铸钢工艺的保护渣的黏度，对铸坯的表面质量有明显的影响，而且保护渣的黏度异常会造成拉漏钢事故，导致钢水废掉并烧毁设备造成重大的经济损失。要求熟悉回转式黏度计测定原理及结构，掌握实验操作，测定熔体在不同温度下的黏度，绘制熔体黏度与温度曲线图。

仪器描述

熔体高温黏度测定实验。实验设备由测定仪主机和一套微型计算机构成。并采用先进的传感器技术，实现了测试过程的自动化，实验数据由计算机自动采集自动处理。该系统测试软件，操作简单，易学易用，人机界面友好，屏幕上可显示图形、实验数据、各种动态相关曲线，多窗口同时操纵。同步电机带动传感器内转轴旋转，转轴再拖动测头旋转，当测头在熔体中均匀转动时，液体中就产生了内摩擦力，旋转着的转轴发生扭转变形，传感器将测量弹性轴在受扭时的应变信号立即放大后转换为数字信号，再通过环形信号变压器输出，经整形后就成为与转矩呈线性关系的数字信号，同时经光电转换、放大整形后传送到计算机中，计算机经过运算数模转换后，随时可以报出液体当时的熔体黏度。

内圆柱体（测头）由转轴连接于扭矩传感器，扭矩传感器再连接于同步电机轴上。该传感器是一种灵敏度很高无摩擦的传感器。

高温熔体黏度测定既可以满足用于炼钢连铸保护渣的定温测量（在不同温度下恒温，测定各种温度下熔体黏度），也可满足炼铁高炉渣在连续降温时的测定。屏幕操作主菜单：

下拉式主菜单：显示、测定黏度、测表面张力、测量密度、控温、调试、控制操作。

显示菜单：温度时间曲线图、黏度时间曲线图、渣温时间曲线图、黏度温度曲线图、显示提示、显示数据。

测定黏度菜单：开始测黏度、测零、测黏度常数、定点测黏度、开始记录数据、存储黏度渣温数据。

控温方式有：开环升温控制、恒温控制、控温参数、结束升温。开环升温采用步进升温。

调试项：给出 PID 参数。PID 设定包括：比例 KP、积分 KI、微分 KD 参数、设定热电偶测温范围、显示窗口 2。

控制操作项包括：温度黏度图坐标、结束实验。

熔体物性测试仪装置简图如图 5-5 所示

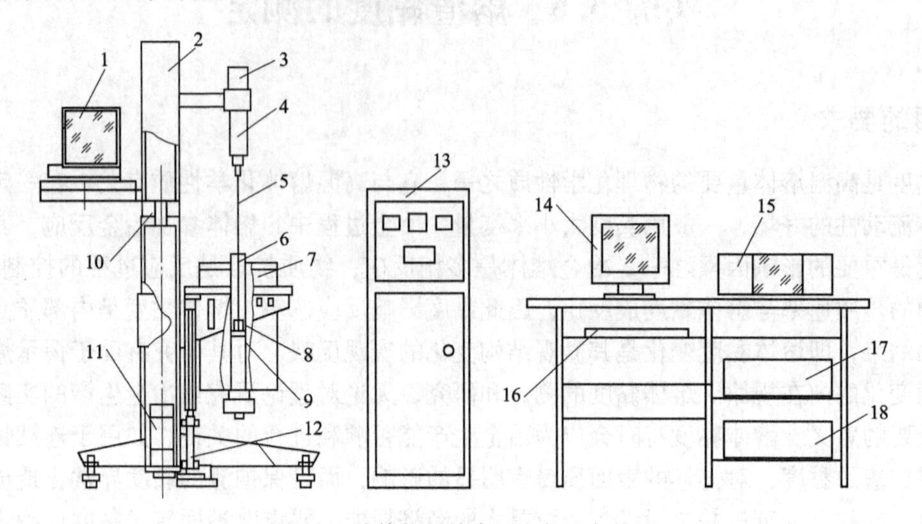

图 5-5 熔体物性综合测定仪设备简图

1—电子天平；2—炉架；3—同步电机；4—扭矩传感器；5—转杆；6—炉管；
7—高温炉；8—坩埚；9—测头；10—轴承；11—电动机；12—炉升降机构；13—控制柜；
14—显示器；15—打印机；16—键盘；17—主机；18—接口箱

实验原理

用旋转柱体法测试。当外力使内柱体在高温熔体中均匀转动时，盛熔体的坩埚静止不动，则在二柱体之间径向距离上便产生了速度梯度。于是，在液体中就产生了内摩擦力，若想保持坩埚静止不动，必须由外界施加一个大小与黏滞力矩相等而方向相反的力矩。当液体为层流流动的时候，该黏滞力矩为：

$$M = \frac{4\pi\eta\omega}{\dfrac{1}{r^2} - \dfrac{1}{R^2}} \tag{5-4}$$

式中，r、R 为同轴内外柱体的半径；h 为内柱体浸入液体之深度；ω 为转动柱体的角速度；η 为液体的黏度，Pa · a。

由扭矩传感器可精确地测定仪器主轴的扭矩和主轴的角速度，熔体的黏度可按式（5-5）计算。

$$\eta = \frac{M\left(\dfrac{1}{r^2} - \dfrac{1}{R^2}\right)}{4\pi h\omega} \tag{5-5}$$

当 r、R，及插入深度 h 一定，角速度一定时，式（5-5）可写成：

$$\eta = KM \tag{5-6}$$

黏度常数标定：由式（5-6）可见，黏度 η 与旋转力矩呈线性关系。k 称为仪器常数，k 值可由已知黏度的标准液标定。

通常采用蓖麻油为标准液，利用式（5-7）可知，蓖麻油黏度与温度的关系式为：

$$\eta = 4.306 \times 10^{-11} e^{\frac{6.993}{T}} \tag{5-7}$$

标定 k 时已将式（5-7）输入计算机中，可启动程序 2 进行自动测试，测试中可按屏幕提示输入蓖麻油的温度。必须指出，为了 K 值不变，应尽量创造条件，使标定条件与实测条件相一致，否则将引起测量方面的误差。

仪器常数的标定

向 ϕ40mm 坩埚内装入 40mm 高蓖麻油，应严格测定蓖麻油温度，将测头插入蓖麻油中，控制测头底部距坩埚底 10mm（先将测头探底，再使炉子下降 10mm），测头与坩埚要同心。当传感器输出频率信号稳定后，点击测零点（测头静止测零点，转动稳定时点击测油频率）。再点击示意图中炉子顶部传感器，使测头以 300r/min 速度在蓖麻油中转动，频率稳定时，点击测油频率，点击测常数，黏度常数自动测出，点击存储可将黏度常数存储到系统。如果已知测头常数，添入常数后点击输入常数也能将黏度常数存储到系统。

实验步骤

1. 温度控制

高温炉为内径为 55mm 的二硅化钼电阻炉，高温区恒温带宽 60mm，用计算机进行程序控温，本熔体黏度测定系统配有任意程序自动控制炉温，及灵活的开环控制温度和随意平稳的恒温控制方式。控制参数比例（KP）、积分（KI）、微分（KD），点击控制参数菜单键，在弹出的表格中可随意改动，自动生效。

程序供用户自行选择设定，控温与测温热电偶均为 S 型热电偶，测温范围为 0～1600℃，由二线制的温度变送器，进行线性化和信号放大，还可消除外界对测量温度系统的干扰。放大信号经 12 位 A/D 接口板送入计算机中。在计算机内给定值与测定值进行比较，经过 PID 运算，由 D/A 输出控制信号，该信号输入 ZK-1 电压调整器的输入端，改变电炉的输入电压从而实现了炉温的自动控制。为实现开闭环温度程序控制，在炉子装好料后，可启动计算机开闭环温度控制子程序进行升温，具体的升温步骤如下：

（1）装好渣料，检查测温偶、控温偶位置，打开冷却水开关，检查各电器接头；

（2）将可控硅电压调整器手动调节旋钮调节到零位，手动/自动开关置于自动位置，打开电风扇及可控硅电压调整器开关，使之上电，再打开主电路开关，接通主电路。

（3）启动计算机，自动进入 Win98 中文环境，运行实验主程序，在菜单提示下选择并运行，根据实验条件进行选择设定。实验编号可自动根据当前日期和时间采集，或自行定义，因为实验编号就是记录实验数据的文件名。

（4）设定程序控温参数，如图 5-6 所示。输入每段要达到的温度和时间，按 NEXT 键，输入下一段的温度和时间或升温速度。开始电压和步进升温速度是开环控温参数，可根据要求改变。如果要将控温参数存储，请按存储键。控温参数设定后，请按关闭键。当输出正确无误时，温控程序自动运行，炉温即自动按程序进行升温。

（5）点击控温菜单进入开环升温（图 5-7），调整步进升温速度达 20，点击计算机屏幕的增加按钮，使输出电压控制在 0.25 左右，此时供给炉子电流约为 20A（从室温开始升温的炉子启动电流要小于 20A，升温过程中最大电流应小于 46A）。随着输出电压增高，电流也随着增高，炉温达 200℃时，点击控温菜单进入程序控制，炉温按设定好的程序自动运行。

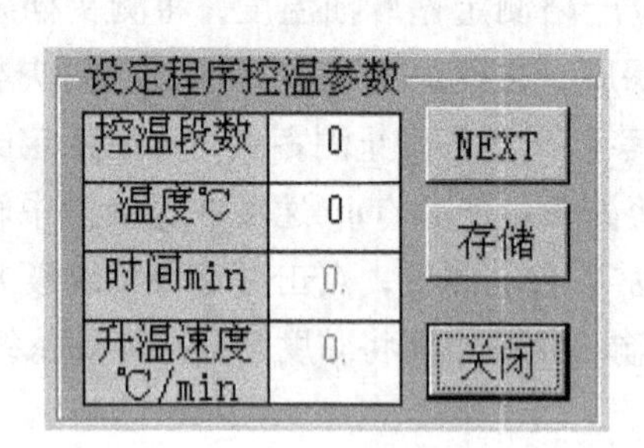

图 5-6　设定程序控温参数

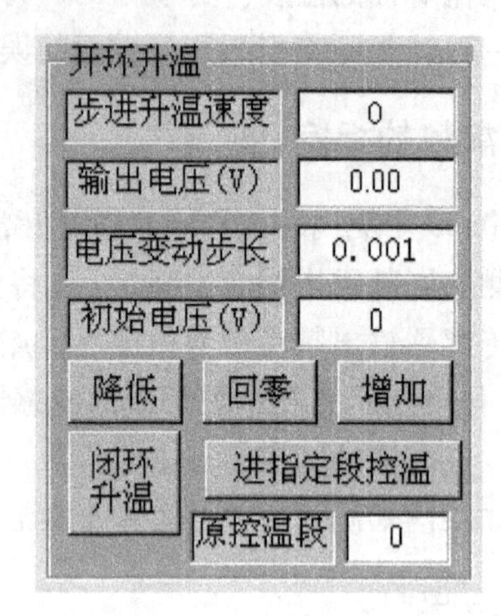

图 5-7　开环升温

（6）恒温控制优先，当炉温需要在某一特定温度下恒温时，点击恒温菜单上恒温按键即可，取消恒温控制后，程序控温又能自动运行。控温程序具有自动寻找当前温度，平稳切入自动调整能力。

（7）在开环温控阶段，操作人员可视升温情况操作，点击鼠标，增加或减少输出电压，还可人为地变动电压步长。开环与闭环控制温度可随时进行平稳切换。

（8）如果炉子具有一定温度时，系统重新运行后，点击控温菜单调出温度参数菜单，设定好温度参数，关闭后进入开环控制，调整好适宜的输出电压，当给定温度与实测温度接近时，即可点击闭环升温，进入程序控制，炉温即可按设定好的程序自动运行。也可以点击进入指定段控温，平稳进入指定升温段，自动按排好的程序运行。

2. 熔化炉渣

将石墨坩埚和石墨套筒放入炉内。取待测渣样 150g 左右置于石墨坩埚内，石墨坩埚的尺寸为：$\phi 40 \times 80$mm，石墨坩埚盛炉渣部分要保证位于炉子的恒温带内，渣子熔化后渣层高度为 40mm，必要时当炉温升至 400℃时开始从炉子的下部通入 Ar 或 N_2保护。当炉温恒定后，恒温 20min，当炉渣熔化好后用石墨棒进行搅拌，并用石墨棒检查渣层高度。安装好转杆后，打开仪表柜“位移”按钮，用鼠标点击炉升，使炉体缓慢上升，注意位移读数，使转头停在距离坩埚底部 10mm 的位置上，要与坩埚同心。用鼠标点击计算机屏幕上旋转电机的按钮，启动转杆与转头或停止它们的转动。

3. 熔体黏度测定

熔渣黏度操作菜单：点击下拉式菜单黏度测定，点击开始测黏度（N）系统可连续测定出当前的扭矩传感器输出的频率值，计算出黏度和温度等参数，并能连续以图表（曲线）方式在屏幕内显示。

定点测黏度：点击下拉式菜单定点测黏度，在弹窗（图 5-8）中获得相应的参数。填写渣文件名，将测头缓慢插入熔渣中，控制测头底部距坩埚底 10mm（先将测头探底，再使炉子下降 10mm 处），测头与坩埚要同心。当传感器输出频率信号稳定后，点击测零点（测头静止测零点，转动稳定时测频率），再点击示意图中炉子顶部传感器，使测头以 300r/min 速度在熔渣中转动，频率稳定时，点击测频率，黏度与渣温自动测出，点击存储可将渣黏度、熔渣温度以当前渣文件名存储到系统。在炉温恒定时可以反复按以上步骤测定，计算出熔渣平均黏度。

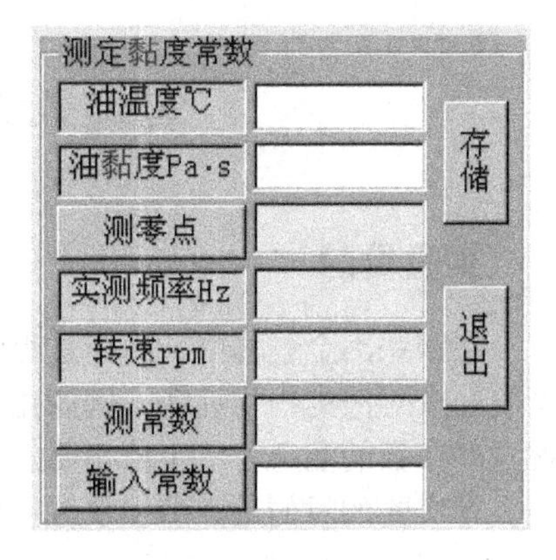

图 5-8 测定黏度参数

黏度连续测定：熔渣充分熔化后，将测头缓慢插入熔渣中，控制测头底部与坩埚底 10mm 高（先将测头探底，再使炉子下降 10mm 处），程序以一定速度自动降温，调出显示黏度温度图，点击开始记录数据（J），可以连续测定出熔渣在不同温度下的黏度值，最后点击存储黏度温度数据（C），以实验号为文件名，将黏度温度数据存储到硬盘中。

测定完成时，快速升温至熔体黏度较低或满足转头取出的温度，将转杆取出。

此时应运行降温程序，或开环降温，停电停冷却水后，实验结束。

点击下拉式菜单黏度测定，系统可连续测定出当前的黏度和温度等参数，并能连续以图表曲线方式在屏幕内显示。或者，点击下拉式菜单定点测黏度，在弹出的图表中获得相应的参数。

测定完成或所测黏度达到 6Pa · s 时，系统将自动关闭旋转电机，快速升温至熔体黏度较低或满足转头取出的温度，将转杆取出。

此时计算机自动运行降温程序，或开环缓慢降温，停电停冷却水后，实验结束。

数据的整理与分析

（1）存储黏度温度数据，点击下拉式菜单控制操纵项，点击存储黏度温度数据框，将实验数据存盘。

（2）利用 Excel 软件读入实验数据文件，可进行归纳整理实验数据，也可对其作图、分析，最后打印出各种关系曲线图形。

思考题

（1）如何从实验装置和操作上保证测量过程中熔体始终处于层流状态？

（2）如何选择标准液体来标定装置常数？

（3）如何从实验操作来保证装置常数在整个实验过程中不改变？

实验 5.6　熔渣软化点的测定

实验目的

在钢铁冶金过程中，冶金过程的合理进行，对产品质量有决定性影响，因此冶金工作者要经常对渣的物化性能，例如化学组成和软化点、表面张力、黏度等进行测定，所以掌握这些参数的测定方法十分必要。

本实验的目的是熟悉和掌握一种常用的软化点测定方法。

实验原理

炉渣一般是多元的混合物，没有确定的软化点，但对一定组成的炉渣，从熔化开始到终了有一个温度范围。根据这个特点，通常是对一个圆柱形固体渣样加热，使它渐渐熔化变形，当其高度减至原高度的50%，并呈半球形时，记录此刻的温度，作为它的软化点，或称为半球点温度。

实验装置

实验装置由加热系统、测温系统、光学放大系统及计算机控制系统组成，见图 5-9。

操作步骤

1. 渣样制备

取渣样 10g（建议取熟渣渣样），研磨至 0.085~0.075mm 后，加少量水混匀；然后放入烘箱内 100℃烘 40min。

2. 高温炉系统送电

合上空气开关和风机开关（在温控柜前门内）；打开“主令控制开关”（在温控柜仪表盘上的钥匙开关）。此时“电源指示”（红）灯亮，温度控制表上窗口红色数字显示炉温的测量值，下窗口绿色数字显示温度的设定值。将“手动/自动”转换开关置成“手动”。调节“手动调节”电位器，使其指针归零；按“送电”按钮（绿），接通高温炉供电回路。此时“送电指示”灯（绿）亮。

3. 计算机操作

打开计算机电源，进入用户界面，选择操作内容：“测试”“浏览”和“设置”。

执行“测试”操作后，在测试界面上首先需要执行“参数设置”。确定测试内容和测试方法，以及样品编号。根据需要确定图像是否保存以及保存方式。熔化温度测定时，需要确定测试量（开始熔化温度、半球点温度和流淌温度）；熔化速度测定时，需要确定测试温度和起始计时温度。若自动测量时还需要在测试画面上用鼠标确定样品的图像区域。人工测量时，需根据样品的图像用鼠标点击相应的按钮来确定各测试量的测量值。测度时若选择了保存图像，则在测试结束后执行“浏览”操作时，可将测试过程按温度或时间间隔（通常选 1℃或 1s）进行重视，并可打印测试结果。设置内的三个参数是自动测量时判断样品形状的重要参数，不得随意修改。

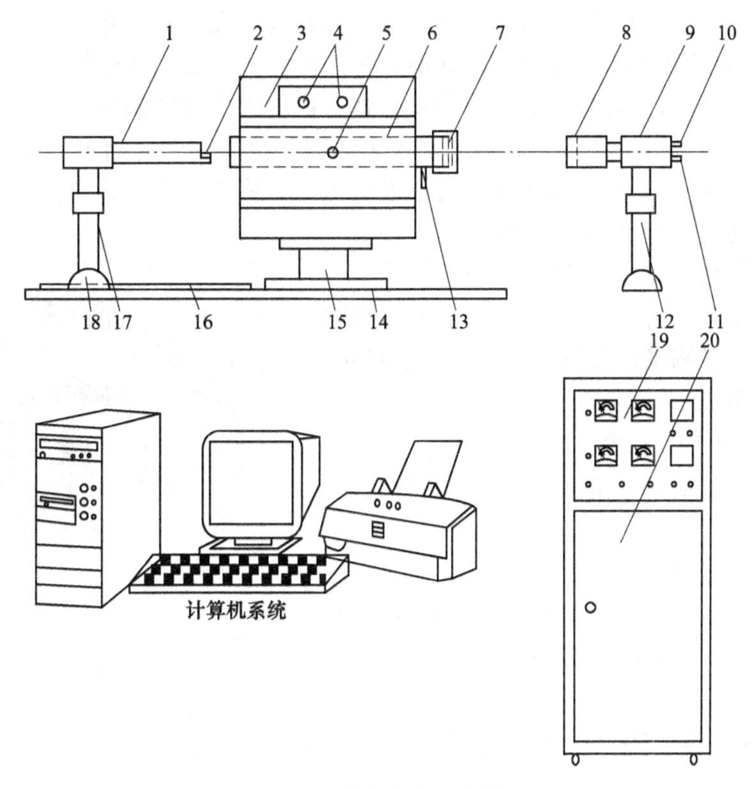

图 5-9 设备组成示意图

1—送样器；2—样品垫片；3—高温炉；4—高温炉供电端子；5—控温热电偶；6—炉管；7—滤光片；8—摄像镜头；9—摄像机；10—摄像机电源；11—摄像机视频信号输出；12—摄像机云台；13—保护气进气孔；14—测试平台；15—高温炉底座；16—送样器滑道；17—送样器底座；18—测温热电偶；19—控柜仪表盘；20—温控柜

4. 送样操作

放置试样垫片于送样器前端凹陷处，用镊子将试样放于垫片的中央位置，沿滑道方向缓慢推动送样器底座，使测试样品进行入炉管内约 5cm 处停下，烘烤试样（约 3min）。然后继续推动送样品，使测试样品置于炉管的中心位置。

5. 摄像调整

接通摄像机电源及视频输出线（至计算机）。待炉温升到 1000℃左右时，将样品置于送样品上，送入炉内测试位置。在计算机的“测试”界面观察试样图像。调整送样器、摄像机和高温炉的位置，使试样图像位于显示器的合适位置。特别要保证样品垫片的水平。调节摄像镜头的焦距和光圈，使其图像清晰，并具有一定的反差。

6. 样品温度测量

打开温控柜仪表盘上的“测温电源”开关，“样品温度”仪表的上窗口红色数字显示即为样品温度的测量值。样品温度的测量范围为 800～1800℃。同时计算机采集样品温度的测量值，并显示在“测试”界面上。

7. 熔化温度测试步骤

高温炉设定程序升温制度，用“保持/继续”功能使炉温保持在程序升温的起始温度设定值上，为测试做好准备。计算机系统进入测试状态设置测试参数和方式等。同时打开“样品温度”显示表电源。将烘烤后的样品送至炉内测试位置，调整样品图像，在计算机上设置样品区域（自动测量时），执行测试操作，执行程序控温制度。测试完成后，置温度控制于手动方式，用“跳步”功能使温控表的程序控温回到起始步（段）的起始温度设定值上，用“保持/继续”功能来保持该设定值。再将控制方式转成自动，准备下一个样品的测试；也可以将程序升温设定为循环方式。此时待程序执行到起始温度段时，开始进行下一样品的测试。测试结束后，在“浏览”中可打印输出测试结果。还可对测试过程浏览。对特殊渣样可在浏览中对测试结果分析、修正。

8. 熔化速度测试步骤

控制炉温使其恒定于某一设定值，计算机系统进入测试状态。

设置测试参数和方式等。同时打开“样品温度”显示表电源。将烘烤后的样品送至炉内测试位置。在计算机上，当样品图像轮廓清晰时，再进行区域设置操作（如图 5-10 所示），然后立即执行测试操作。测试结束后，在“浏览”中可打印输出测试结果。

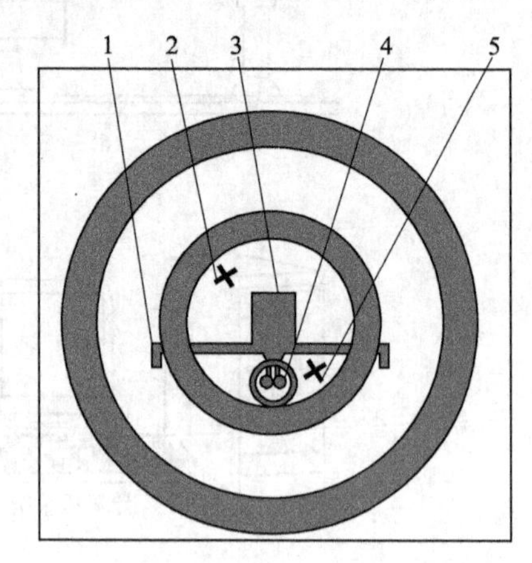

图 5-10　样品图像区域设定示意图
1—样品垫片；2—样品区域左上角；
3—样品；4—测温热偶；5—样品区域右下角

退出操作

将送样器从炉管内缓慢拉出，以防止送样器刚玉管炸裂。将控温方式置成“手动”，并调节“手动调节”电位器，使电位器指针归零。将温控表置成“保持”状态。按“停止”按钮（红色）切断电炉供电回路。关闭“主令控制”开关（钥匙），控制回路断电。

切断温控柜总电源（柜门内空气开关）。摄像机断电，盖上摄像头防尘盖。关闭计算机及打印机电源。

注意事项

（1）高温炉需置于水泥台上，避免震动，否则将会造成发热体断裂。

（2）计算机系统为该测试仪的专用设备，不得用于其他用途或安装其他应用软件。

（3）温控表除程序控温参数和自动控温的温度设定值可进行修改和设置外，其他参数不得随意修改。

（4）摄像机镜头应避免直对强光，以防造成摄像机损坏。

（5）高温炉通电时，不得关闭温控柜内的风机开关，防止造成可控硅元件的损坏。

6　开放性综合实验

实验 6.1　饱和蒸汽压的测定（静态法）

目的与要求

（1）用静态法测定异丙醇在不同温度下的饱和蒸汽压，了解静态法测定液体饱和蒸汽压的原理；

（2）明确液体饱和蒸汽压的定义，了解纯液体饱和蒸汽压与温度的关系，克劳修斯-克拉贝龙（Clausius-Clapeyron）方程式的意义；

（3）学会用图解法求被测液体在实验温度范围内的平均摩尔汽化热与正常沸点。

实验原理

在一定的温度下，真空密闭容器内的液体能很快和液相建立动态平衡，即蒸汽分子向液面凝结和液体中分子从表面逃逸的速率相等。此时液面上的蒸汽压力就是液体在此温度下的饱和蒸汽压力。液体的饱和蒸汽压与温度有关：温度升高，分子运动加速，因而在单位时间内从液相进入气相的分子数增加，蒸汽压升高。

蒸汽压随着绝对温度的变化可用克劳修斯-克拉贝龙方程式来表示：

$$\frac{\mathrm{d}\ln p}{\mathrm{d}T}=\frac{\Delta H_{\mathrm{m}}}{RT^2}$$

式中，p 为液体在温度 T 时的饱和蒸汽压，Pa；T 为热力学温度，K；ΔH_{m}为液体摩尔汽化热，J/mol；R 为气体常数。如果温度变化的范围不大，ΔH_{m} 可视为常数，将上式积分可得：

$$\lg\frac{p}{p^{\ominus}}=-\frac{\Delta H_{\mathrm{m}}}{2.303RT}+C$$

式中，C 为积分常数，此数与压力 p 的单位有关。由上式可见，若在一定温度范围内，测定不同温度下的饱和蒸汽压，以 $\lg\frac{p}{p^{\ominus}}$ 对 $\frac{1}{T}$ 作图，可得一直线，直线的斜率为$-\frac{\Delta H_{\mathrm{m}}}{2.303R}$，而由斜率可求出实验温度范围内液体的平均摩尔汽化热 ΔH_{m}（或者 $\lg p=A-\frac{B}{T}$，直线的斜率（B）与异丙醇的摩尔汽化热的关系由克劳修斯-克拉贝龙方程式给出为：$B=-\frac{\Delta_{\mathrm{l}}^{\mathrm{g}}H_{\mathrm{m}}}{2.303R}$）。

当液体的蒸汽压与外界压力相等时，液体便沸腾，外压不同，液体的沸点也不同，我们把液体的蒸汽压等于101.325kPa时的沸腾温度定义为液体的正常沸点。从图中也可求得该液体的正常沸点。

测量饱和蒸汽压的方法主要有三种：

(1) 动态法。当液体的蒸汽压与外界压力相等时，液体就会沸腾，沸腾时的温度就是液体的沸点，即与沸点所对应的外界压力就是液体的蒸汽压。若在不同的外压下，测定液体的沸点，从而得到液体在不同温度下的饱和蒸汽压，这种方法叫作动态法。该法装置较简单，只需将一个带冷凝管的烧瓶与压力计及抽气系统连接起来即可。实验时，先将体系抽气至一定的真空度，测定此压力下液体的沸点，然后逐次往系统放进空气，增加外界压力，并测定其相应的沸点。只要仪器能承受一定的正压而不冲出，动态法也可用以在101.325kPa以上压力下的实验。动态法较适用于高沸点液体蒸汽压的测定。

(2) 饱和气流法。在一定的温度和压力下，让一定体积的空气或惰性气体以缓慢的速率通过一个易挥发的待测液体，使气体中被待测液体的蒸汽饱和。分析混合气体中各组分的量以及总压，再按道尔顿分压定律求算混合气体中蒸汽的分压，即是该液体在此温度下的蒸汽压。此法一般适用于蒸汽比较小的液体。该法的缺点是：不易获得真正的饱和状态，导致实验值偏低。

(3) 静态法。把待测物质放在一个封闭体系中，在不同的温度下直接测量蒸汽压，它要求体系内无杂质气体。此法适用于固体加热分解平衡压力的测量和易挥发液体饱和蒸汽压的测量，准确性较高。

通常是用平衡管（又称等位计）进行测定的。平衡管由一个球管与一个U形管连接而成（如图6-1所示），待测物质置于球管内，U形管中放置被测液体，将平衡管和抽气系统、压力计连接，在一定温度下，当U形管中的液面在同一水平时，表明U形管两臂液面上方的压力相等，记下此时的温度和压力，压力计的示值就是该温度下液体的饱和蒸汽压，或者说，所测温度就是该压力下的沸点。可见，利用平衡管可以获得并保持体系中为纯试样的饱和蒸汽，U形管中的液体起液封和平衡指示作用。

本实验采用静态法测定异丙醇的饱和蒸汽压。

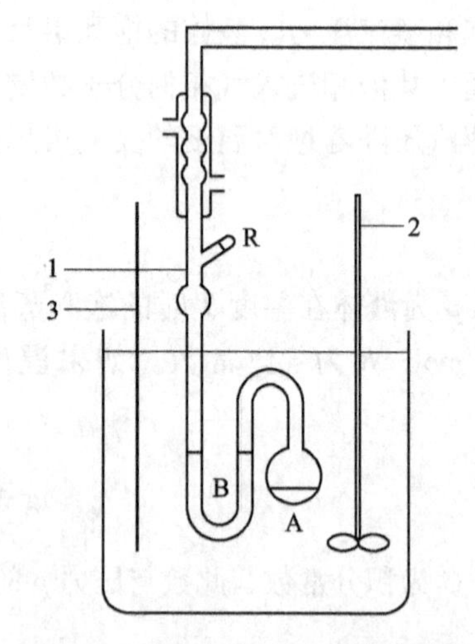

图6-1 玻璃恒温水浴系统装置图

1—连冷凝管的平衡管（又称等压计）；2—搅拌器；3—温度计；A—球管；B—U形管

实验装置

1. 实验装置简图

实验装置简图如图6-1所示。

2. 仪器与试剂

SYP型玻璃恒温水浴一套、平衡管（带冷凝管）一支、SWQ-IA智能数字恒温控制器一台、DP-A精密数字压力计一台、缓冲储气罐一台、2XZ-1型旋片真空泵及附件一套、异丙醇（A.R）。

实验步骤

(1) 装样。将平衡管（又称等位计、等压计）内装入适量待测液体异丙醇。A球管约2/3体积，U形管两边各1/2体积，然后按图装好各部分，如图6-1所示（各个接头处用短而厚的橡皮管连接，然后再用石蜡密封好，此步骤实验室已装好）。

（2）压力计采零。关闭缓冲罐的平衡阀，打开平衡阀，此时DP-A精密数字压力计所测压力即为当前大气压，按下压力计面板上的采零键，显示值将为00.00（大气压被视为零值看待）。

（3）系统气密性检查。旋转三通活塞使系统与真空泵连通，开动真空泵，打开进气阀和平衡阀，关闭平衡阀，抽气减压至压力计显示一定负压值时，关闭三通活塞，使系统与真空泵、大气皆不相通。观察压力计的示数，如果压力计的示数能在3~5min内维持不变，或显示数字下降值<0.01kPa/s，则表明系统不漏气，否则应逐段检查，消除漏气原因。

（4）排除球管上方空间内的空气。开启搅拌器匀速搅拌，其目的是使等压计内外温度平衡，抽气减压气泡逸出的速度以一个一个地逸出为宜，不能成串成串地冲出导致液体轻微沸腾，此时AB弯管内的空气不断随蒸汽经C管逸出，如此沸腾3~5min，可认为空气被排除干净。

（5）饱和蒸汽压的测定。当空气被排除干净，且体系温度恒定后，旋转直通活塞缓缓放入空气，直至B、C管中液面平齐，关闭直通活塞，记录温度与压力。然后，将恒温槽温度升高3℃，当待测液体再次沸腾，体系温度恒定后，放入空气使B、C管液面再次平齐，记录温度和压力。依次测定，共测8个值。升高温度间隔为3~5K。

实验完毕后，关闭所有电源，将体系放入空气，整理好仪器装置，但不要拆装置。另外，也可以沿温度降低方向测定。温度降低，异丙醇饱和蒸汽压减小。为了防止空气倒灌，必须在测定过程中始终开启真空泵以使系统减压。降温的方法可用在烧杯中加冷水的方法来达到。其他操作与上面相同。

数据记录及数据处理

次数	温度 T/℃	Δp/kPa
1	25	−91.305
2	30	−87.778
3	35	−86.109
4	40	−78.331
5	45	−73.270
6	50	−68.803

（1）绘制 $\lg\frac{p}{p^{\ominus}}$-$\frac{1}{T}$ 图，求出液体的平均摩尔汽化热及正常沸点。

（2）异丙醇的正常沸点为80.75℃，汽化热为32.76kJ/mol，计算实验的相对误差。

（3）求出液体蒸汽压与温度关系式（$\lg\frac{p}{p^{\ominus}}=\frac{B}{T}+A$）中的$A$、$B$值。

附：异丙醇饱和蒸汽压理论值，按下式计算：

$$\lg p = A - \frac{B}{C+T} + D$$

异丙醇：$A=8.11778$，$B=1580.92$，$C=219.61$（使用温度范围：1~101℃）。

不同温度下异丙醇饱和蒸汽压的理论值如表6-1所示。

表6-1　不同温度下异丙醇饱和蒸汽压的理论值

温度 T/℃	$\lg p$	$1000/T$	p	Δp
15	3.5042	3.470	3192.99	98132.01
16	3.5328	3.458	3410.34	97914.66
17	3.56116	3.446	3640.46	97684.54
18	3.58928	3.435	3883.97	97441.03
19	3.61716	3.423	4141.53	97183.47
20	3.6448	3.411	4413.59	96911.41
21	3.6722	3.400	4701.25	96623.75
22	3.6994	3.388	5005.04	96319.96
23	3.7264	3.377	5325.72	95999.28
24	3.7531	3.365	5664.05	95660.95
25	3.7797	3.354	6020.84	95304.16
26	3.8060	3.343	6396.93	94928.07
27	3.8321	3.332	6793.16	94531.84
28	3.8580	3.321	7210.45	94114.55
29	3.8836	3.310	7649.69	93675.31
30	3.9091	3.299	8111.85	93213.15
31	3.9344	3.288	8597.90	92727.10
32	3.9595	3.277	9108.86	92216.14
33	3.9843	3.266	9645.77	91679.23
34	4.0090	3.256	10209.73	91115.27
35	4.0335	3.245	10801.83	90523.17
36	4.0578	3.235	11423.23	89901.77
37	4.0819	3.224	12075.11	89249.89
38	4.1058	3.214	12758.70	88566.30
39	4.1295	3.204	13475.24	87849.76
40	4.1531	3.193	14226.04	87098.96
41	4.1765	3.183	15012.42	86312.58
42	4.1996	3.173	15835.76	85489.24
43	4.2227	3.163	16697.46	84627.54
44	4.2455	3.153	17598.97	83726.03
45	4.2682	3.143	18541.78	82783.22
46	4.2906	3.133	19527.43	81797.57
47	4.3130	3.124	20557.48	80767.52
50	4.3790	3.095	23930.45	77394.55

基本仪器操作

1. 恒温水槽温度设定

（1）打开 SWQ 智能数字温控器，设定温度：“回差”选择合适的回差值，依次调整“设定温度值”，设置完后转换到工作状态（“工作”指示灯亮）。

当介质温度≤设定温度，加热器处于加热状态；

当介质温度≥设定温度，加热器停止加热；

当系统温度达到“设定温度”时，工作指示灯自动转换到“恒温”状态。

按“复位”键，仪器返回开机时的状态，可重复设定温度。

（2）根据所需控温温度和加热速率选择水浴前面板“开”“关”“快”“慢”“强”“弱”等开关，加热系统进入加热准备状态。由智能恒温控制器进行控温。开始加热时，为使加热速度尽可能快，将加热器置于“强”，但当温度接近所设温度前 1～2℃时，将加热器置于“弱”，以减慢升温速度，防止温度过冲。

（3）关机，首先关断智能控温器电源，再关闭水浴电源。

2. 缓冲罐操作

（1）检查气密性：打开进气阀和平衡阀，关闭平衡阀，启动气泵抽气，然后关闭进气阀，从数字压力表读出压力罐中压力值。若显示数字下降值小于 0.01kPa/s，说明气密性良好。

（2）继续打开进气阀抽气，直至压力计上真空度之值基本无变化，关闭进气阀，调节液体两臂高度相等，记下压力计读数。

（3）重复（2）中操作，比较两次读数，如果读数无差别，则可关闭进气阀，真空泵可停止工作，开始实验操作。

3. 注意事项

（1）等压计 A 球液面上空气必须排除干净，因为若混有空气，则测定结果便是异丙醇与空气混合气体的总压力而不是异丙醇的饱和蒸汽压。检查方法为连续两次排空气压平操作后的 U 形管压力计的读数一致或者小于 66.661Pa。

（2）进空气压平操作时，若两臂不等高，但是差别不大的情况下，不影响读数。

（3）体系有一定负压后再次开启真空泵时，必须先关闭活塞 2，让真空泵先将接头处的空气抽走，防止空气进入体系引起侧流。停止实验时，应先打开活塞 2，让真空泵通大气后在关闭真空泵电源，以防止泵油倒灌。

要防止被测液体过热，以免对测定饱和蒸汽压带来影响，因此不要加热太快，以免液体蒸发太快而来不及冷凝，冲到冷凝管上端 T 型管处。

（4）用动态法测定时，液体不断冷却时，要注意开动真空泵并防制空气倒灌进入 A 球中，以免实验失败。当升温时，需随时调节活塞使等压计两臂保持等高，不发生沸腾，也不能使液体倒灌入 A 球。

思考题

（1）实验要想得到准确的实验结果，其关键操作是哪一步？

（2）怎样判断球管液面上空的空气被排净？若未被驱除干净，对实验结果有何影响？

（3）如何防止U形管中的液体倒灌入球管A中？若倒灌时带入空气，实验结果有何变化？

（4）试分析引起本实验误差的因素有哪些？

（5）为什么AB弯管中的空气要排干净？怎样操作？怎样防止空气倒灌？

（6）本实验方法是否用于测定溶液的蒸汽压？

（7）为什么实验完毕后必须使体系和真空泵与大气相通才能关闭真空泵？

实验 6.2 碳钢的热处理操作、组织观察及硬度测定实验

实验目的

（1）了解硬度计的原理，初步掌握布氏、洛氏硬度计的使用；
（2）了解碳钢的热处理工艺操作；
（3）研究碳钢加热温度、冷却速度、回火温度对钢性能的影响；
（4）观察热处理后的组织及其变化。

实验内容

（1）按表 6-2 中的热处理工艺进行操作，并对热处理后的各样品进行硬度测定，将硬度值填入表 6-2、表 6-3 中。

表 6-2 各种热处理工艺

冷却方式	45 号钢	
	加热温度/℃	硬度
水冷	780	
水冷	860	
油冷	860	
空冷	860	

表 6-3 45 号钢回火工艺

45 号钢回火工艺/860℃水冷淬火				
回火温度/℃	200	400	500	600
回火前硬度				
回火后硬度				

注：保温时间可按 1min 每毫米直径计算；回火保温时间均为 30min，然后取出空冷。

（2）观察下列表 6-4 热处理后的金相试样，并画出组织示意图。

表 6-4 热处理后的金相试样

编号	钢号	处理状态	显微组织	腐蚀剂
1	45	860℃正火	F + P	4%硝酸酒精
2	45	860℃油淬	$M + B_{上} + T + F_{少}$	4%硝酸酒精
3	45	860℃水淬	M	4%硝酸酒精
4	45	780℃水淬	M + F	4%硝酸酒精
5	45	860℃水淬低温回火	回火 M	4%硝酸酒精
6	45	860℃水淬中温回火	回火 T	4%硝酸酒精
7	45	860℃水淬高温回火	回火 S	4%硝酸酒精

实验原理

1. 硬度计的原理

（1）洛氏硬度。洛氏硬度是以顶角为120°的金刚石圆锥体（或直径为1.58mm的淬火钢球）作压头，以规定的试验力使其压入试样表面。试验时，先加初试验力，然后加主试验力。压入试样表面之后卸除主试验力，在保留初试验力的情况下，根据试样表面压痕深度，确定被测金属材料的洛氏硬度值。洛氏硬度值由压入深度 h 的大小确定，h 越大，硬度越低；反之，则硬度越高。一般说来，按照人们习惯上的概念，数值越大，硬度越高。因此采用一个常数 c 减去 h 来表示硬度的高低。并用每0.002mm的压痕深度为一个硬度单位。由此获得的硬度值称为洛氏硬度值，用符号HR表示。由此获得的洛氏硬度值HR为一无名数，试验时一般由试验机指示器上直接读出。洛氏硬度的三种标尺中，以HRC应用最多，一般经淬火处理的钢或工具都采用HRC测量。在中等硬度情况下，洛氏硬度HRC与布氏硬度HBS之间关系约为1∶10，如40HRC相当于400HBS。如50HRC，表示用HRC标尺测定的洛氏硬度值为50。硬度值应在有效测量范围内（HRC为20~70）为有效。

（2）布氏硬度。布氏硬度是以一定的试验力（如：187.5kg、250kg、3000kg等载荷）把用一定直径的钢球或硬质合金球压入材料表面，保持一段时间，去载后，负荷与压痕面积之比值，即为布氏硬度值（HBS/HBW），单位为 N/mm^2。布氏硬度计适合测量铸铁等材料的工件。在钢管标准中，布氏硬度用途最广，往往以压痕直径 d 来表示该材料的硬度，既直观又方便。

2. 钢的热处理工艺

钢的热处理基本工艺有退火、正火、淬火和回火。进行热处理时，加热是第一道工序，目的是为了得到奥氏体，因为钢的最终组织珠光体、贝氏体和马氏体都是由奥氏体转变来的。二是保温、目的使奥氏体均匀化。三是冷却，是改变组织和性能的重要因素。因此，正确选择三个基本因素是热处理成功的基本保证。

（1）加热温度的选择。

1）退火加热温度：根据 $Fe\text{-}Fe_3C$ 相图确定。对亚共析钢，其加热温度为 $A_{C3}+(20\sim30)$℃；对共析钢和过共析钢，其加热温度为 $A_{C1}+(20\sim30)$℃（球化退火），目的是得到球状渗碳体，降低硬度，改善切削性能。

2）正火加热温度：一般亚共析钢加热至 $A_{C3}+(30\sim50)$℃；过共析钢加热至 $+(30\sim50)$℃，即加热到奥氏体单相区。

3）淬火加热温度：一般亚共析钢加热至 $A_{C3}+(30\sim50)$℃，淬火后的组织为均匀细小的马氏体。如果加热温度不足（如低于 A_{C3}），则淬火组织中将出现铁素体，造成淬火后硬度不足；共析钢和过共析钢加热至 $A_{C1}+(30\sim50)$℃，淬火后的组织为隐晶马氏体与粒状二次渗碳体。未溶的粒状二次渗碳体可提高钢的硬度和耐磨性。过高的加热温度（高于 A_{CCM}），会因得到粗大的马氏体、过多的残余奥氏体而导致硬度和耐磨性下降，脆性增加。

4）回火温度：钢淬火后都要回火，回火温度取决于最终所要求的组织和性能（工厂中常常是根据硬度的要求）。按加热温度不同，回火可分为三类：

低温回火：在 150~250℃回火，所得组织为回火马氏体，硬度约为 HRC 57~60，其目的是降低淬火应力，减少钢的脆性并保持钢的高硬度。一般用于切削工具、量具、滚动轴承以及渗碳和氰化件的生产加工。

中温回火：在 350~500℃回火，所得组织为回火屈氏体，硬度约为 HRC 40~48，其目的是获得高的弹性极限，同时有高的韧性。因此主要用于各种弹簧及热锻模的生产加工。

高温回火：在 500~650℃回火，所得组织为回火索氏体，硬度约为 HRC 25~35，其目的是获得既有一定强度、硬度，又有良好的冲击韧性的综合力学性能，常把淬火后经高温回火的处理称为调质处理，因此一般用于各种重要零件，如柴油机连杆螺栓、汽车半轴以及机床主轴等。

（2）保温时间的确定。为了使钢件内外各部分温度均匀一致，并完成组织转变，使碳化物溶解和奥氏体成分均匀化，就必须在加热温度下保温一定时间，通常将钢件升温和保温所需的时间计算在一起，统称为加热时间。

在具体生产条件下，工件加热时间与钢的成分、原始组织、工件几何形状和尺寸、加热介质、炉温、装炉方式等许多因素有关。

对于本实验中箱式炉的碳钢，保温时间为：工件的有效加热厚度（mm）×1（min/mm）。圆柱形试样有效加热厚度以直径计算，如果是盐浴炉则缩短一半。合金钢加热时间要增加 25%~40%。

回火时的加热、保温时间，应与回火温度结合起来考虑。一般来说，低温回火时，由于组织不稳定，内应力消除不充分，为了稳定组织、消除内应力，使零件在使用过程中性能与尺寸稳定，回火时间要长一些，一般不少于 1.5~2h。高温回火时间不宜过长，过长会使钢过分软化，对有的钢种甚至造成严重的回火脆性，所以一般为 0.5~1h。

（3）冷却速度的影响。冷却是淬火的关键工序，一方面冷却速度要大于临界冷却速度，以保证得到马氏体，另一方面又希望冷却速度不要太大，以减小内应力，避免变形和开裂，为此，根据 C 曲线考虑，淬火工件必须在过于奥氏体最不稳定的温度范围（650~550℃）进行快冷，以超过临界冷却速度，而在 M_S（300~200℃）点以下，尽可能慢冷以减小内应力。为了保证淬火质量，应适当选用适当的淬火介质和淬火方法。

3. 钢热处理后的基本特征

炉冷得到 100%珠光体；空冷得到细片状珠光体或称索氏体；油冷得到少量屈氏体和马氏体；水冷得到马氏体和少量残余奥氏体。随着成分和热处理条件不同，钢热处理后的组织各不相同，基本组织特征如下：

（1）索氏体（S）是铁素体与片状渗碳体的机械混合物，其层片分布比珠光体更细密，在显微镜的高倍（700 左右）放大下才能分辨出片层状，它比珠光体具有更高的强度和硬度。

（2）屈氏体（T）也是铁素体与片状渗碳体的机械混合物，片层分布比索氏体更细密，在一般光学显微镜下无法分辨，只能看到黑色组织如墨菊状，当其少量析出时，沿晶界分布呈黑色网状包围马氏体，当析出量较多时则呈大块黑色晶粒状。只有在电子显微镜下才能分辨出其中的片层状。

（3）贝氏体（B）也是铁素体与渗碳体的两相混合，但其金相形态与珠光体不同，因钢的成分和形成温度不同，其组织形态主要有三种：上贝氏体、下贝氏体、粒状贝氏体。

(4) 马氏体 (M) 是碳在α-Fe中的过饱和固溶体，马氏体的组织形态是多种多样的，归纳起来分为两大类，即板条状马氏体和片状马氏体。

1) 板条状马氏体。在光学显微镜下，板条状马氏体的形态呈现一束束相互平行的细长条状马氏体群，在一个奥氏体晶粒内可有几束不同取向的马氏体群。每束内的条与条之间的小角度晶界分开，束与束之间具有较大的相位差，如图6-2所示，由于板条状马氏体形成温度较高，在形成过程中常有碳化物析出，即产生自回火现象，故在金相实验时，易被腐蚀而呈现较深的颜色。因含碳低的奥氏体形成的马氏体呈板条状，故板条状马氏体又称低碳马氏体。

图6-2 板条状马氏体显微组织

2) 片状马氏体。在光学显微镜下，片状马氏体呈现针状或竹叶状，其立体形态为双透镜状，因此成温度较低没有自回火现象故其显微组织不易被侵蚀，所以颜色较浅，在显微镜下呈白亮色。透射电镜观察片状马氏体晶体内部为孪晶亚结构，故片状马氏体又称孪晶马氏体，因含较高的奥氏体，形成的马氏体呈片状，故片状马氏体又可称高碳马氏体。

马氏体的粗细取决于原奥氏体晶粒的大小，即取决于淬火加热温度，如高碳钢在正常温度下淬火加热，淬火后可得到细小针状的马氏体，在光学显微镜下，仅能隐约见其针状，故又称为隐晶马氏体。如淬火温度较高，奥氏体晶粒粗大，则得到粗大竹叶状马氏体，如图6-3所示。

(5) 残余奥氏体 (Ar)。当奥氏体中含碳量大于0.5%时，淬火时总有一定量的奥氏体不能转变为马氏体，而保留到室温，这部分奥氏体就是残余奥氏体，它不易受硝酸酒精腐蚀剂的侵蚀，在显微镜下呈白亮色，分布在马氏体之间，无固定形态，淬火后未经回火，Ar与马氏体很难区分，都呈白亮色，只有马氏体回火后才能分辨出马氏体间的残余奥氏体。

(6) 回火马氏体 (Mr)。高碳马氏体经低温回火后，马氏体分解，析出了与母相共格的极细小弥散的碳化物。这种组织称为回火马氏体。由于极小的碳化物析出使回火马氏体易受侵蚀，所以在光学显微镜下观察回火马氏体仍保持针状马氏体形态，只是颜色比淬火马氏体深，但极细小的碳化物分辨不清。在电子显微镜下则可观察到细小的碳化物。

(7) 回火屈氏体。淬火钢进行中温回火以后，得到回火屈氏体。它的金相组织特征

图 6-3 粗大竹叶状马氏体+Ar

是：在铁素体基体上弥散分布着微小的粒状渗碳体，铁素体仍然基本保持原来的条状或片状马氏体的形态，渗碳体颗粒很细小，在光学显微镜下不易分辨清楚，故呈暗黑色。用电子显微镜可以看到这些渗碳体的质点，而且回火屈氏体仍然保持针状马氏体的位向。

（8）回火索氏体。淬火钢高温回火得到回火索氏体，金相组织特征是已经聚集长大了的渗碳体颗粒均匀分布在再结晶的铁素体基体上。

但是某些合金钢经调质处理后，铁素体仍然保持针状形态，因合金元素对于铁素体的再结晶有阻碍作用，须更高的温度才能完成再结晶。

实验设备和材料

箱式电阻炉和控温仪表，金相显微镜，洛氏硬度计，布氏硬度计，布氏洛氏硬度试块，淬火水桶、油桶、火钳、砂纸等，45 号钢试样若干，金相试样一套。

实验步骤

（1）测量标样的布氏、洛氏硬度。

（2）领取试样进行热处理工艺实验。

（3）45 号钢试样放入 860℃、780℃炉子内加热，保温后分别进行水冷、空冷操作。

（4）将 860℃水冷试样中取出 4 块 45 号钢试样分别放入 200℃、400℃、500℃、600℃的炉中进行回火、回火保温时间为 30min。

（5）洛氏硬度测试。

（6）观察金相组织，画示意图。

实验报告

（1）实验目的。

（2）根据实验测试数据及观察到的显微组织综合分析。

1）加热温度与冷却速度对钢性能的影响；

2）不同回火温度对材料组织和性能的影响，绘制 45 号钢回火温度与硬度的关系曲线；

3）观察热处理后的金相组织，并画出组织示意图。

其他说明

（1）实验前仔细阅读实验指导书。

（2）热处理操作及注意事项。

装取试样时炉子要断电，装取试样后炉门要及时关好，并立即通电。试样加热时，尽量靠近热电偶测出的温度接近试样温度。实验中注意计算保温时间；保温时要注意温度控制仪表是否正常，以免跑温或升温太慢，发现问题应报告老师检查。淬火冷却时，将试样迅速入油或入水。并不停地移动试样，且不要拿出液面。

热处理后测定硬度，并填写在表 6-2 中。测硬度前要将试样的氧化皮磨掉。

（3）观察显微试样的基本步骤：

根据试样的热处理工艺，对照相图和 C 曲线分析可能出现的组织。正确选择放大倍数，组织粗的可选低倍，组织细的可选高倍。先用低倍。低倍观察视场，组织特征较明显，观察较全面，然后对其中有代表性的区域用高倍观察，高倍观察范围较局限，但能看到局部组织的细节。

显微镜观察时要根据观察重点深入的原则，选择其中有代表性的区域进行重点观察。根据组织的形成特点和组织的特征画出组织示意图，注明材料、热处理工艺、放大倍数、腐蚀剂、组织名称等。

思考题

（1）淬火加热温度对钢淬火后性能有什么影响。

（2）冷却速度对钢性能有什么影响？

（3）回火温度对淬火钢性能有什么影响？

实验 6.3　冶金反应级数和活化能的测定

实验目的

(1) 掌握热重（TG）法研究气固相反应（碳酸钙热分解）动力学的原理和方法。

(2) 掌握非等温法测定反应级数和反应活化能的方法。

实验原理和设备

对于级数反应，根据动力学质量作用定律和阿累尼乌斯公式，可以导出动力学的基本方程：

$$\frac{d\alpha}{dt} = A \cdot \exp\left(-\frac{E}{RT}\right) \cdot (1-\alpha)^n (\text{等温}) \tag{6-1}$$

$$\frac{d\alpha}{dT} = \frac{A}{\phi} \cdot \exp\left(-\frac{E}{RT}\right) \cdot (1-\alpha)^n (\text{非等温}) \tag{6-2}$$

式中，α 为反应分数；A 为前因子；E 为反应活化能；n 为反应级数；ϕ 为升温速率；T 为热力学温度；t 为时间；R 为气体常数。

为了求出上述动力学方程解，有微分法如二元线性回归法、微分差减法、多个升温速率法等。还有积分法，如 T · 奥赞瓦（Ozawa）、A · W · 科茨（Coats）的指数积分法等，下面各介绍一种微分法和一种积分法。

(1) 二元线性回归法。对式（6-1）和式（6-2）两边取对数，得到下列公式：

$$\ln\frac{d\alpha}{dt} = \ln A - \frac{E}{RT} + n\ln(1-\alpha) \tag{6-3}$$

$$\ln\frac{d\alpha}{dT} = \ln\frac{A}{\phi} - \frac{E}{RT} + n\ln(1-\alpha) \tag{6-4}$$

只要实验测得一条反应分数 α 和温度 T（或时间 t）的关系曲线，就可得到一系列不同温度下（或时间）的 α 和$\frac{d\alpha}{dt}$值。应用二元线性回归，即可将各项系数求出，从而求得 A、E 和 n 值。

(2) 指数微分法。将式（5-8）分离变量积分，得到

$$\int_0^{\alpha}\frac{d\alpha}{(1-\alpha)^n} = \frac{A}{\phi}\int_{T_0}^{T} e^{-\frac{E}{RT}} dT \tag{6-5}$$

左边积分得：

$$g(\alpha) = \int_0^{\alpha}\frac{d\alpha}{(1-\alpha)^n} = \begin{cases} -\ln(1-\alpha) & (n=1) \\ \dfrac{(1-\alpha)^{1-n}-1}{n-1} & (n\neq 1) \end{cases} \tag{6-6}$$

右边积分为一指数积分，其结果不能用解析式精确地直接表示出，常用各种近似处理方法。如采用近似表达式可得下式：

$$\ln g(\alpha) = \ln \frac{AE}{R\phi} - 5.3305 - 1.052\frac{E}{RT} \tag{6-7}$$

结合式（6-6），设定 n 值，通过线性回归，由截距求出指前因子 A，由斜率求出活化能 E。

实验设备采用热重分析仪。热重法是在程序控温条件下，测量物质质量与温度或时间关系的一种技术。热重法有等温热重法和非等温热重法两类，前者是在恒温下测定物质质量变化与时间的关系，后者是在程序升温下测定物质质量变化与温度的关系。热重曲线常用两种表示方法：TG 曲线和 DTG 曲线（如图 6-4 所示）。前者表示过程的失重累积量，属于积分型；后者是 TG 曲线对时间或温度一阶微商，即质量变化率与时间或温度的关系曲线。DTG 曲线上出现的各种峰值对应着 TG 曲线上的各个质量变化阶段，峰下的面积与失重成正比。TG 或 DTG 曲线上出现的水平阶段，即“平台”，表明此阶段试样的质量不随时间而变化。因此只要物质受热发生物理或化学变化，伴随有质量变化，就可以用热重法来研究其过程。

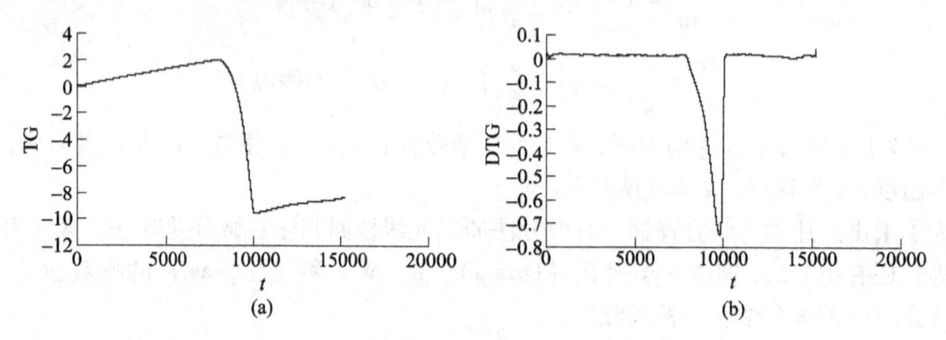

图 6-4 碳酸钙分解反应的 TG 和 DTG 曲线
（a）TG 曲线；（b）DTG 曲线

实验步骤

（1）依次接通热重分析仪、接口及计算机电源，预热 30min 以上。

（2）天平室和样品室分别通入流量为 40mL/min 和 30mL/min 的高纯氮气和空气。

（3）将氧化铝坩埚用铂丝吊架挂入天平铂丝吊钩上。气动提升加热炉至工作位置，待天平读数稳定后，读零。

（4）降下加热炉，装入 10mg 分析纯碳酸钙粉末，并使其均匀平铺在坩埚底部。提升加热炉至工作位置，待读数稳定后，读出样品质量。

（5）用直接控制键操作使加热炉以 40℃/min 快速升至 500℃。升温过程中计算机键盘输入实验条件，包括实验温度范围 500~850℃，加热速率 10℃/min 及总坐标量程等。

（6）待加热炉温度稳定在 500℃后，按下开始运用键，开始实验测定碳酸钙热分解 TG 曲线。

（7）实验结束后，加热炉自动下降并转至冷却位置。用样品托架将坩埚缓缓托起，用镊子取出吊架及装有样品的坩埚。

（8）将实验结果存入计算机内，优化曲线和处理数据并获得 DTG 曲线。由 TG、DTG

曲线读取 20 组温度 T、质量 W 和质量变化率$\frac{dW}{dt}$，并读取碳酸钙分解总失重量（W_0-W_∞）和碳酸钙分解开始和结束温度。

（9）应用下式计算反应分数 α 和$\frac{d\alpha}{dt}$：

$$\alpha = \frac{W_0 - W}{W_0 - W_\infty} \tag{6-8}$$

$$\frac{d\alpha}{dt} = \frac{\frac{dW}{dt}}{W_0 - W_\infty} \tag{6-9}$$

根据式（6-8）和式（6-9）及 20 组（T，α 和$\frac{d\alpha}{dt}$）实验数据，应用最小二乘法即可计算出反应级数和活化能。

实验报告要求

（1）简要介绍非等温动力学的原理及方法，并列表给出实验条件及全部实验数据。

（2）编写非等温动力学微分法和积分法计算机计算程序，包括计算回归方程截距和斜率误差。

（3）计算碳酸钙分解的反应级数、表观活化能及其误差。

（4）讨论实验结果，并比较微分法和积分法。

思考题

（1）如何获得碳酸钙分解反应的最快反应速度时的温度？本次实验最快反应速度时的温度是多少？

（2）升温速度对非等温法研究动力学及动力学参数有何影响？

（3）试设计等温法研究碳酸钙热分解动力学实验及计算动力学参数方法。

实验 6.4 电化学综合实验

实验目的

（1）掌握用恒电位法测量阳极极化曲线的基本原理和测试方法；

（2）掌握恒电位仪的基本使用方法；

（3）了解交流阻抗的基本原理和测试方法；

（4）测定不同成分的耐候钢在 0.05mol/L 的 $NaHSO_4$ 电解液中的交流阻抗与阳极极化曲线；

（5）通过实验加深对电极钝化与活化过程的理解，并分析不同成分的耐候钢的耐腐蚀性能；

（6）了解交流阻抗的等效电路图的拟合方法；

（7）理解掌握恒电位法与恒电流法的区别。

实验原理和设备

浸在电解液中的金属（即电极）具有一定的电极电位。当外电流通过此电极时，电极电位发生变化。电极为阳极时，电位移向正方向，电极为阴极时，电位移向负方向，这种电极电位的变化称为极化。通过电极的电流密度不同，电极的过电位也不同。电极电位（或过电位）与电流密度的关系曲线叫极化曲线。极化曲线常以过电位 η 与电流密度的对数 $\log i$ 来表示。

恒电位法也叫控制电位法，就是控制电位使其依次恒定在不同的电位下，同时测量相应的稳态电流密度。然后把测得的一系列不同电位下的稳态电流密度画成曲线，就是恒电位稳态极化曲线。在这种情况下，电位是自变量，电流是因变量，极化曲线表示稳态电流密度（即反应速度）与电位之间的函数关系：$i=f(\varphi)$。

维持电位恒定的方法有两种：一种是用经典恒电位器；另一种是用恒电位仪。现在一般都使用国际上先进的恒电位仪。用恒电位仪控制电位，不但精度高，频响快，输入阻抗高，输出电流大，而且可实现自动测试，因此得到了广泛应用。恒电位仪实质上是利用运算放大器经过运算使得参比电极与研究电极之间的电位差严格等于输入的指令信号电压。恒电位仪原理上可分为两类：一类是差分输入式；另一类是反向串联式。用运算放大器构成的恒电位仪在电解池、电流取样电阻及指令信号的连接方式上有很大灵活性，可以根据电化学测量的要求选择或设计各种类型恒电位仪电路。

恒电位法即可测定阴极极化曲线，也可测定阳极极化曲线。特别适用于测定电极表面状态有特殊变化的极化曲线，如测定具有阳极钝化行为的阳极极化曲线。

用恒电位法测得的阳极极化曲线如图 6-5 的曲线 *ABCDE* 所示。整个曲线可分为四个区域：*AB* 段为活性溶解区，此时金属进行正常的阳极溶解，阳极电流随电位改变服从 Tafel 公式的半对数关系；*BC* 段为过渡钝化区，此时由于金属开始发生钝化，随电位的正移，金属的溶解速度反而减小了；*CD* 段为稳定钝化区，在该区域中金属的溶解速度基本上不随电位而改变；*DE* 段为过渡钝化区，此时金属溶解速度重新随电位的正移而增大，为氧的析出或高价金属离子的产生。

从这种阳极极化曲线上可得到下列一些参数：临界钝化电位 φ_c、临界钝化电流 i_c、稳定钝态的电位区 φ_p-$\varphi_{p'}$、稳定钝态下金属的溶解电流 i_p。这些参数用恒电流法是测不出来的。可见，恒电位极化对金属与溶液相互作用过程的描述是相当详尽的。

从上述极化曲线可以看出，具有钝化行为的阳极极化曲线的一个重要特点是存在着所谓“负坡度”区域，即曲线的 *BCD* 段。由于这种极化曲线上每一个电流值对应着几个不同的电位值，故具有这样特性的极化曲线是无法用恒电流法测得的。因而恒电位是研究金属钝化的重要手段，用恒电位阳极极化曲线可以研究影响金属钝化的各种因素。

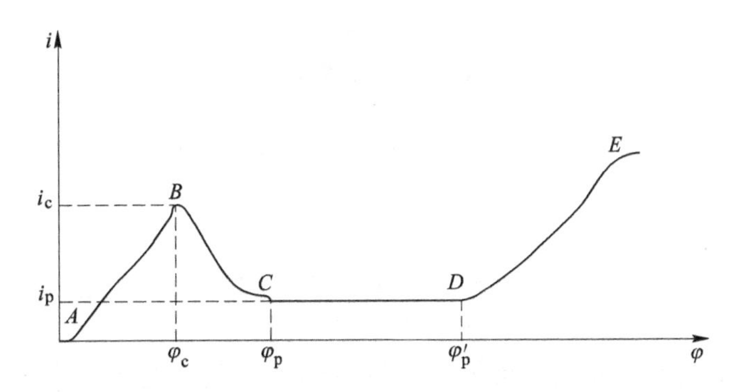

图 6-5 Ni 在 1mol/L H_2SO_4溶液中阳极极化曲线

影响金属钝化的因素很多，主要有：

(1) 溶液的组成。溶液中存在的 H^+离子、卤素离子以及某些具有氧化性的阴离子，对金属的钝化行为起着显著的影响。在酸性和中性溶液中随着 H^+离子浓度的降低，临界钝化电流减小，临界钝化电位也向负移。卤素离子，尤其是 Cl^-离子则妨碍金属的钝化过程，并能破坏金属的钝态，使溶解速度大大增加。某些具有氧化性的阴离子（如 CrO^-等）则可促进金属的钝化。

(2) 金属的组成和结构。各种钝金属的钝化能力不同。以铁族金属为例，其钝化能的顺序为 Cr>Ni>Fe。在金属中加入其他组分可以改变金属的钝化行为。如在铁中加入镍和铬可以大大提高铁的钝化倾向及钝态的稳定性。

(3) 外界条件。温度、搅拌对钝化有影响。一般来说，提高温度和加强搅拌都不利于钝化过程的发生。

实验步骤

(1) 阳极极化曲线的测量；

(2) 研究电极表面为 1.0cm^2（单面），另一面用石蜡封住，将待测的一面预先做好周期侵蚀实验，使其表面生满锈层，放入电解池中。电解池中的辅助电极为铂金电极，参比电极为饱和 KCl 溶液的甘汞电极，电解池中注入 0.05mol/L 的 $NaHSO_4$溶液；

(3) 打开恒电位仪（1287A 与 1255B）或 8 通道恒电位仪（1480A）；

(4) 打开计算机，等待计算机进入 Window 界面；

（5）按图 6-6 接好实验线路（要求无挥发性和腐蚀性气体产生）；

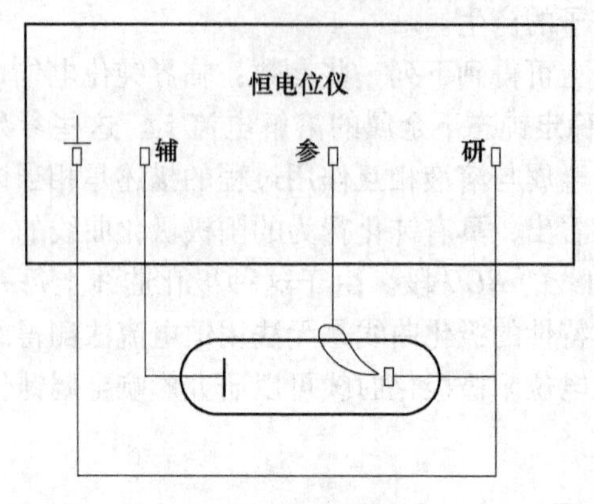

图 6-6 实验线路图

（6）在计算机上选择 Corrware 程序进行恒电位实验，或 CellTest 进行 8 通道恒电位测试；

（7）在相应程序界面上设置实验参数和条件；

（8）按“MEASURE…”开始实验，在实验中严格禁止触摸电解池接线；

（9）耐候钢的阳极极化曲线与交流阻抗，条件同上；

（10）实验过程中和结束后，可用 Corrview 或 Zview 程序进行数据分析；

（11）关闭计算机电源；

（12）关闭恒电位仪等电源。

实验报告

（1）恒电位法测阳极极化曲线的实验原理；

（2）作极化曲线与交流阻抗图；

（3）比较两条曲线，并讨论所得实验结果及曲线的意义；

（4）分析恒电流法与恒电位法的区别。

思考题

（1）为什么金属的阳极钝化曲线不能用恒电流法测得？何时选用恒电流法？

（2）两种耐候钢的耐腐蚀性哪种最好？

参 考 文 献

[1] 田彦文，翟秀静，刘奎仁．冶金物理化学简明教程［M］.2版．北京：化学工业出版社，2011.
[2] 王常珍．冶金物理化学研究方法［M］.4版．北京：冶金工业出版社，2013.
[3] 徐南平．钢铁冶金实验技术和研究方法［M］. 北京：冶金工业出版社，1995.
[4] 陈伟庆．冶金工程实验技术［M］. 北京：冶金工业出版社，2005.
[5] 陈建设．冶金实验研究方法［M］. 北京：冶金工业出版社，2005.
[6] 周玉，武高辉．材料分析方法［M］.3版．哈尔滨：哈尔滨工业大学出版社，2011.

冶金工业出版社部分图书推荐

书　　名	作　者	定价（元）
中国冶金百科全书·有色金属冶金	编委会	248.00
湿法冶金手册	陈家镛	298.00
湿法冶金原理	马荣骏	160.00
有色金属资源循环利用	邱定蕃	65.00
金属及矿产品深加工	戴永年	118.00
预焙槽炼铝（第3版）	邱竹贤	89.00
现代铝电解	刘业翔	148.00
冶金设备及自动化（本科教材）	王立萍	29.00
有色冶金概论（第3版）（本科教材）	华一新	49.00
有色金属真空冶金（第2版）（本科国规教材）	戴永年	36.00
有色冶金化工过程原理及设备（第2版）（本科国规教材）	郭年祥	49.00
有色冶金炉（本科国规教材）	周孑民	35.00
重金属冶金学（第2版）（本科教材）	翟秀静	55.00
冶金设备课程设计（本科教材）	朱　云	19.00
冶金设备及自动化（本科教材）	王立萍	29.00
钢铁冶金学（炼铁部分）（第4版）（本科教材）	吴胜利	65.00
现代冶金工艺学——钢铁冶金卷（第2版）（国规教材）	朱苗勇	75.00
热工测量仪表（第2版）（国规教材）	张　华	46.00
金属材料学（第3版）（国规教材）	强文江	66.00
冶金物理化学（本科教材）	张家芸	39.00
金属学原理（第3版）上册（本科教材）	余永宁	78.00
金属学原理（第3版）（中册）（本科教材）	余永宁	64.00
金属学原理（第3版）（下册）（本科教材）	余永宁	55.00
冶金宏观动力学基础（本科教材）	孟繁明	36.00
冶金传输原理（本科教材）	刘　坤	46.00
炼铁设备及车间设计（第2版，高职国规教材）	万　新	29.00
炼钢设备及车间设计（第2版，高职国规教材）	王令福	25.00
铁合金生产工艺与设备（第2版）（高职高专国规教材）	刘　卫	45.00
矿热炉控制与操作（第2版）（高职高专国规教材）	石　富	39.00
炼铁工艺及设备（高职高专教材）	郑金星	49.00
炼钢工艺及设备（高职高专教材）	郑金星	49.00
高炉炼铁设备（高职高专教材）	王宏启	36.00
干熄焦生产操作与设备维护（职业技能培训教材）	罗时政	70.00
炼铁技术（高职高专教材）	卢宇飞	29.00